Natural Defense

人体と土壌の微生物群への無差別攻撃を終わらせる

闘う微生物

抗生物質と農薬の濫用から人体を守る

エミリー・モノッソン［著］／小山重郎［訳］

築地書館

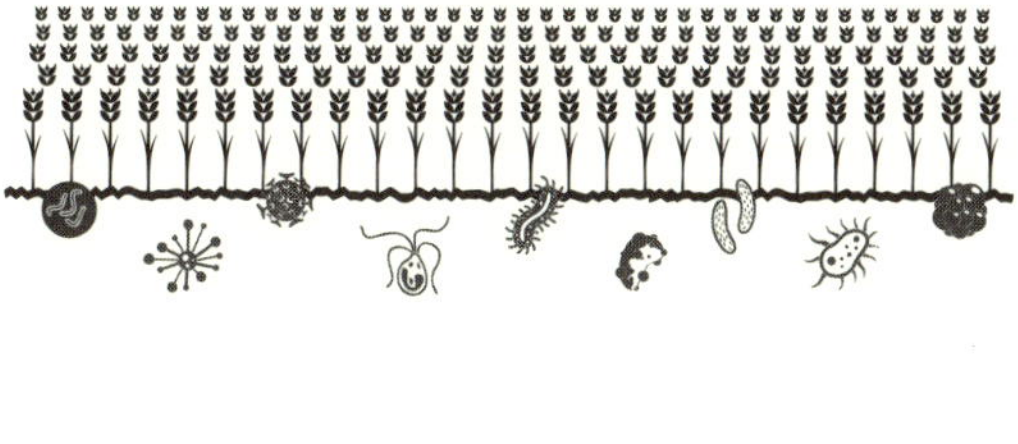

NATURAL DEFENSE
by Emily Monosson

Japanese translation by Juro Koyama
Published in Japan by Tsukiji Shokan Publishing CO., Ltd., Tokyo

まえがき

これは、一つの解決策についての本である。二年前、私は現代農業と医学の問題点について、ある講演を行った。この講演では、病害虫と病原体が、農薬と抗生物質に対する抵抗性を発達させることによって、薬がしだいに効かなくなっていることについて述べた。講演後、一人の聴衆が「それでは、どうしたら良いのでしょうか?」と尋ねた。私は肩をすくめて、「あまり使わないことです」と答えた。聴衆の中に小さな笑いと、私が次に何を言うかを待つひと時があったが、私は、それ以上何も言うことが出来なかった。私たちは薬効範囲の広い抗生物質なしに、いかにして病気を治すことが出来るだろうか? あるいは、出来るだけ農薬を使わずに作物をいかに守ったら良いのだろうか? この本は、私がこうした質問に答えようとするものである。

前世紀に、化学物質が食料の増産と病気の防御に大きな役割を果たしてきたことはほとんど疑いがない。農薬と肥料は(その他の農業慣行と共に)農業生産者が生産量を莫大に増やすのを助けてきた。一方で、アメリカでは、生産されたすべての食料の約四〇パーセントが捨てられている。また、私たちは美しい、傷のない果物が一年中、手に入ることを期待する。同様に、私たちは抗生物質の奇跡に慣れて育ってきた。抗生物質が現れる以前には感染症——髄膜炎からレンサ球菌とブドウ球菌に至るまで——

が、しばしば死に至る病であった。しかし、ペニシリンは数えきれない命を救った。そしてそれが失敗した時には、もう一つの抗生物質がこれにとって代わった。今、私たちは、ちょっと咳が出ただけでも医師に抗生物質を処方してもらおうとする。

私たちの大部分が今日生きているのは、これらの化学物質が病害虫と病原体に対して闘ってくれたおかげである。それは、一時的には働く。そのあと、薬剤への抵抗性と、病害虫と病原体がいなくなったことによって発生する日和見的な「条件によって発病したり、しなかったりする」病気と、思いもかけない副作用が現れる。ある若者は、彼の正常な腸内微生物相を打ち負かす薬剤抵抗性病原菌の感染に悩まされつづけている。また、最近では、アイルランドの飢饉の原因となったジャガイモ疫病菌の殺菌剤への抵抗性が増している。競争力の強い雑草が作物を閉め出している。そしてよく使われている農薬が有益な昆虫までも殺している。このように信用を失った二十世紀の農薬をいかに取り替えるべきか。あるいは、私たちの大部分が必要な時に、抗生物質がいつでもあるようにするには、どうしたら良いだろうか。

幸いなことに、独創的な戦略が生まれつつある。遺伝子操作のような二十一世紀の科学はもちろん、便の移植のような古代の習慣が、必要性と技術の進歩によって新たに導入されている。多くの戦略は、古い時代の敵に対する私たちの最良の味方として自然から借りてくることが出来る。細菌に感染して、これを殺すウイルスがある。ある作物は植物病原体を防ぐ健康な微生物群を作り出す。私たちが持っている自然の防御システムを、より良く刺激するように遺伝子組み換えされたワクチンがあり、近縁の植物から借りてきた遺伝子で病気に抵抗性のあるように遺伝子組み換えされた作物がある。昆虫フェロモン――自然にある極めて特異的な化学物質――を放出することによって、幼虫が果物や木の実を害する蛾の、成虫の性的行動を誤らせることが出来る。そして、ある細菌は新しい種類の選択性の高い抗微生物剤――病原体を殺すが私たちの腸内の微生物群は損なわない――を提供する。数千ではないにしても、数百の楽観的な戦略がある。私は、そのうちから一握りを選んでここに紹介したい。

私たちはまた、医学的解決と農業的解決を同じように理解することが出来る。それは、人と植物は実際に多くの共通点を持っているからである。私たちが食物、環境、あるいは人びとの健康のいずれについて語るにせよ、それらは共通の生物学的、環境的要素にもとづいている。人から人への便の移植は、畑の土壌微生物群の働きを助長することとほとんど違いがない。細菌に感染するウイルスは人においても畑においても有用であり、天敵を用いるという意味では同じである。そして、私たちが保護するのが子どもか作物かにかかわらず、一オンス〔二八・三五グラム〕の予防は一ポンド〔四五三・六グラム〕の治療よりも価値がある。多くの場合、病院での革新的な手段は畑においても革新的な手段となる。そこで、私はこの本の中で二章ずつをセットにした。すなわち、一つの章で病気の治療における解決法を探求したあと、次の章で農業における病害虫の解決法を述べた。私はそれらを並べて考えることが有効だと考えている。あまりにも長い間、私たちは自身を自然環境から切り離して考えてきた。私たちが私たちの食物と健康のために自然に対抗するのではなくて、自然と共に生きようとする時、私たちは難問を解決することになるだろう。

この本を書く過程で、私は科学の最前線の研究を探し出した。それらは、生態学の複雑さについて理解が深まってきた証である。ウイルス学と細菌学における新しい進歩はもちろん、ゲノム学からコンピューター生物学まで、農薬と抗生物質を減らすことが期待できる研究がいくつも見つかった。そこで、この本は一つの警告に達する。これらの方法のあるものは、私たちの食物と薬を救うであろう。しかし他のものは失敗するであろう。この本の原稿を最初に読んだ一人の読者は、新しい技術はしばしば逆発［火器の暴発］し、科学に対する公衆の信用を寸断するだろう、と私に警告した。「それは、株式市場のようなものですよ。これは大変素晴らしいと、あなたは言うでしょう。それが、のちにはとんでもない失敗となるのです。一つの良いアイデアは畑や病院で行き詰まるか、市場に出すことは出来ないでしょう」。私が有望な研究開発について書くのは、それが最良のものであるというのではなく、科学的工夫の実例を提供しようとしているのである。これらの方法の中から、あるものを選り分けようとしているのではなく、あるワクチン、あるいは自然の農薬、あるいはプロバイオティクス［人体に良い影響をあたえる微生物］が確かに効くことを示すものである。これが科学というものの性質であって、それは、うち立てられ、正され、そして前進する。私たちは要求が実現する世界に住んでおり、また私たちは常に新しい奇跡的な治療を求める。しかし、科学はそのようには働かない。一つの新しいワクチンだけが私たちを救うことはない。すべての新しい自然の農薬もそうである。この本はすべてを有機栽培にしようとするものではない。また、抗生物質による処置を否定するものでもない。そのかわりに、一歩一歩進み、私たちの化学物質漬けの過去から離れて、自然ともっと調和する未来へと進もうとするものである。

これらの自然の防御——微生物群を維持することから、ウイルスを役立てることへ、また昆虫の感覚を混乱させることまで——について私は楽天的であり、その考えを読者と分かち合いたい。私たちは、もはや、私たちに何が出来るか？　という質問によって難しい立場に追い込まれることはないであろう。病原体と病害虫を処理する、より良い方法が確かに存在する。私たちの合成化学物質への依存を減らすために、そして健康を維持し、作物を育てるために、ある解決法は、現在、用いられつつある。その他のものは明日までは手に入らないかもしれない。しかし、より健康な未来への希望はここにあるのだ。

闘う微生物　目次

まえがき……3

第Ⅰ部　自然の味方

第1章　私たちを守る細菌……12

抗生物質が効かない……12　微生物遺伝学の進化……16　DNAの暗号を読む……19
抗生物質の光と影……23　失われる微生物たち……27
プロバイオティクスへの過信……30　自然と手を組む……35

第2章　畑で働く微生物……37

にぎやかな微生物群……37　病原体との闘い……41　生きている「土」……45
イチゴ農家の悩み……48　持続的農業と土壌微生物……51

第Ⅱ部　敵の敵は友

第3章　感染者に感染するもの……56

新しい薬、バクテリオファージ……56　迷走するファージ治療……61
扉は開くか……64　バクテリオシンの長い歴史……67
牛乳、尿路感染、ＭＲＳＡ……71　頼りになる仲間……74

第4章　農薬に代わる天然化学物質……77

瓶詰めの細菌……77　大企業が動き出す……81　リンゴを救うフェロモン……84
ピンポイントで効くフェロモン……88　植物を使った害虫・雑草対策……92
待ったなしの農業拡大……95

第Ⅲ部　遺伝子が世界を変える

第5章　病気に強い遺伝子組み換え作物……100

深刻な疫病被害……100　遺伝子組み換えの議論はつづく……103　突然変異からイオン
化放射線、遺伝子組み換えへ……107　新たな旗手、シスゲネシス……111
自然に近づく技術革新……116

第6章　次世代のワクチン……121

髄膜炎の脅威……121　我々の免疫システムは最強である……124
多くの命を救ってきたワクチン……126　ワクチンへの不安と期待……130

進化をつづけるワクチン開発……133　ワクチンをデザインする……137

第Ⅳ部　敵を知る

第７章　新たな農業革命……142

疫病の惨劇……142　微生物学の夜明け……146　廃れていく植物病理学……148
農業知識の普及はスマホから……152　戦争と高速計算……157

第８章　診断の未来……163

まず出される抗生物質……163　迅速な検査……168　ＤＮＡ検査の進歩と弱点……172
診断は暗号で……176　道半ば……181

エピローグ……183
註……213
索引……218
訳者あとがき……220

第Ⅰ部
自然の味方

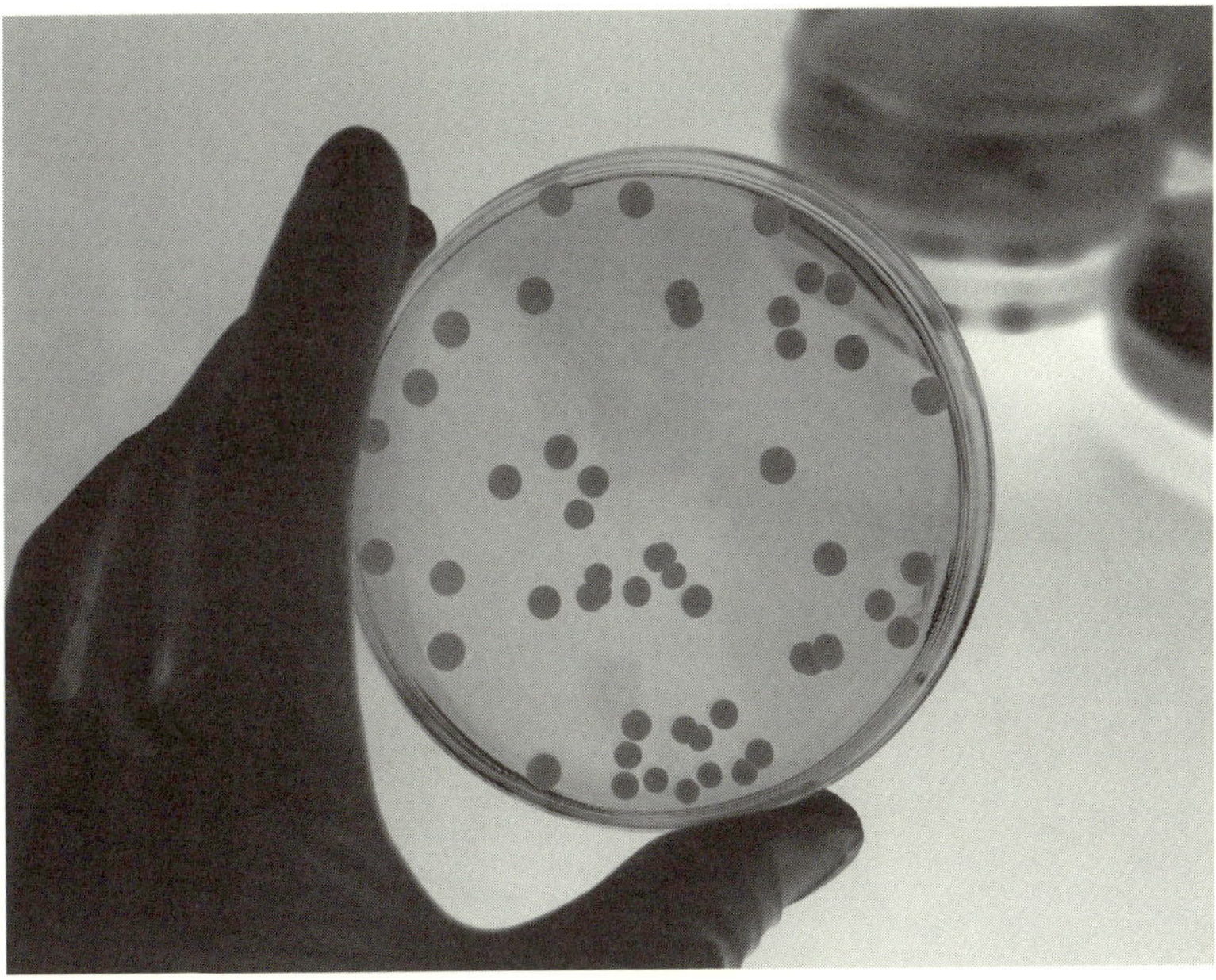

第1章　私たちを守る細菌

抗生物質が効かない

五年前、ティム・ストクローサは風邪をひいた。彼はその時二十六歳であった。彼の肺は筋ジストロフィーによって弱り、神経変性状態がつづいていた(注1)。ティムは咳をして肺を浄化する能力がなく、この風邪はおそらく肺炎へと進行するだろう。ティムは、ペニシリン［抗生物質］とクラブラニック酸［放線菌の代謝産物］の強力な複合剤であるアウグメンティンを与えられたが、それはアモキシリン［抗生物質］抵抗性細菌の酵素阻害を目的としていた。それはいわゆる広域抗生物質で、有害な細菌だけでなく、私たちの腸を住処とする多くの有用細菌をも殺す。多くの場合、カップ数杯のヨーグルトあるいはプロバイオティクスがその微生物共同体を再建するのに役立つ。

しかし、アウグメンティンを飲んで十日後もティムの風邪は治らず、胃の不調が起こった。彼にはもう一つの薬が与えられたが、それは助けにならなかった。「遂に」とティムのシングルマザーで人生の大部分を彼の健康に捧げてきたカレン・アンダーソンは言う。「一人の看護師は、彼がクロ・ディフにとりつかれたと考えました」。この菌、クロストリジウム・ディフィシル（以下、クロ・ディフ）は結腸に致死的な感染をする可能性がある。この微生物は、いつもは私たちの腸に害を与えることなく潜伏しているが、しばしば病院で感染する、悪名高い日和見菌《ひよりみ》［通常無害な菌が条件によって有害となる］となる。ここ数年で特別に危険な系統が現れた。有益な腸内微生物相が失われると、クロ・ディフが増える絶好の機会となる。「この菌がとりついたら」とカレンは言う。「腸はその菌で裏張りされたようなものです。恐ろしいことです」。クロ・ディフの感染は、本当の標的は少数のトラブルメーカーであるのに私たちが細菌群の全体に対して化学的戦闘を行った結果、生じたものである。クロ・ディフは日和見主義者であるだけでなく、それを人体と病院の建物から根絶することが特に難しい。ある系統は抗生物質に抵抗性がある。そしてすべてが胞子を形成する。――この胞子は化学的処理に抵抗し、何ヶ月も潜伏して、条件が良くなると増殖する。

ティムの感染と闘うために、医師たちはフラジル（メトロニダゾール）［抗菌剤］を処方した。それはごまかしのように見えた。その薬が彼の体からなくなると、クロ・ディフは戻って来た。次にはバンコマイシン［耐性菌に効く抗生物質］が取り入れられた。多くの場合、それは抗生物質の武器庫に残された武器の一つ――いわゆる最後の手段――である。ティムは、なお一年以上、「バンコ」を飲んだり止めたりした。しかし、回復力のある病原体はすぐに陣地を取り戻した。毎回、十日間の投薬のあと、クロ・ディフは戻って来た。「ティムは人工呼吸器をつけて車椅子を使っていました」とカレンは言う。「そして彼はその処置と攻撃をつづけるクロ・ディフに堪えていました。彼はタフでした」。しかし、感染が長引くにつれて、ティムとカレンはますます治療に絶望的になっていった。

ティムは特殊な例ではない。この病菌にはアメリカだけで五〇万人近くが感染しており、三万人近くの患者が診断から一ヶ月以内に亡くなる（注2）。感染者のほとんどは老人と免疫が弱った人である。しかし、この症状は、それまで抗生物質にさらされたことがない極めて若い人の間で、しだいに増えている（注3）。産業化された世界においては、クロ・ディフは病院で感染する下痢と大腸炎の主な原因である（注4）。この病原体は増えている――そして私たちはこれを呪う。機能的で多様な微生物群が破壊された時、その再建は期待出来ない。しかし、それは私たちが広域抗生物質［広い範囲の細菌種に効く抗生物質］を用いるたびに起こることなのだ。

私の子どもたちは、子どもがよくかかるような病気のために、繰り返し殺菌剤を処方された。私は、ある程度微生物学の知識を持っていたが、これらの抗生物質によって起こる、子どもたちの腸内の大混乱についてほとんど考えなかった。私は（ウイルスには効かない抗生物質かどうかにかかわらず）薬が子どもに効くことを望むだけであった。私の息子は彼にとって最初の、ネバネバして甘い、フーセンガムの味のするアモキシリンを、音を立てて飲んだ。彼は生後六ヶ月であった。アメリカの子どもは大人になるまでに平均して二〇回、抗生物質を処方される。進化と細菌の抗生物質への抵抗性について教えている生態学者の友人は、「あなたは最初にサムに抗生物質を与える時に、恐ろしいと感じるべきだった」と言った。友人はつづけて言った。「あなたは彼の細菌を全滅させたのだ」。しかし、私は恐ろしいとは感じず、むしろほっとしていたのだった。

五年たち、私は看護学生たちに医療微生物学を教えるようになった。それは「敵を知る」という教科であった。私たちは病原体を次々と調べた。その生活史、どこをどのように侵すか、いかに速やかに増殖するか、それが好む条件は、そして患者はそれにいかに対応すべきか——その感染の特徴はどうか。そのうち、学生たちは彼等自身が持っている細菌に精通するようになる。彼等は、皮膚、口の内側など体の表面を綿棒で拭きとって、それをペトリ皿〔細菌の栄養となる肉汁を、ガラス製の蓋つきの皿に入れて寒天で固めた培養基〕になすり付け、その皿を体温と同じ温度にセットした細菌培養器にヒョイと入れる。数日後、冷蔵庫の後ろで忘れられたサワークリームのように、培養基は成長した細菌で覆われた。細菌は一個の細胞から数兆個ものコロニー〔細菌の集合〕として盛り上がっていた。キラキラ輝く白い点、球状の卵黄のような山、サーモンピンク色の泡があった。小さく点在したコロニーは、次には波打つ縁やしわのあるものに成長した。他のものは培養基の上に粘液のように滲み出していた。互いに似通った培養基はなかった。それぞれの培養基が顕微鏡的な生命の驚くべき多様性を途方もない数で見せていた。これらの培養基の上の細菌の大部分は私たちを悩ますものではなく、多くは有益なものである。しかし、あるものは私たちを病気にする可能性がある。学生たちはそこに成長しているものと、彼等の体の中の細菌の種類の多さに驚いたが、その内の僅かなものを絶滅させるために、すべての細菌を毒殺する時に何が起こるかを、誰も尋ねようとはしなかった。

これらの培養基の上の細菌は学生たちと共に棲んでいる微生物（細菌、ウイルス、菌類とその他の生物）の小部分を代表していた。もし、私たちが、胃——かつては無菌だと考えられていた器官——から茶さじ一杯の液体を採ることが出来るなら、それは数千個の細菌を含むだろう。もし大腸からならばその数は一〇〇〇億以上になるであろう（注5）。私たちの消化管——入ってから出るまで——は簡易アパートの床面積と等しい面積を持つ。そしてそれは、細菌によって覆われている（注6）。皮膚は運動場の四角のコートと同じだけの表面積を持つ。けれども、そこには顕微鏡的な住民が遊んでいる。私たちの体は数千の異なる種類の細菌を維持している。そして私たちは人間の細胞よりも多い細菌の細胞を運んでいる。これらの細菌の大部分は彼等の生命を人間と長らく分かち合ってきた。あるものは母から子に渡される。サムにアモキシリンを初めて飲ませた時、私は、私自身の顕微鏡的生物群から伝えた細菌も同時に殺したことを知らなかった。彼が産まれた時、彼は子宮から膣を経て世界へ出る途上で私の細菌を拾い上げた。そして、私の胸にくっついて母乳を飲みながら、さらに多くの細菌を飲み込んだ。この自然の微生物群の多くが、数ヶ月後、さじ一杯のピンクの液体によって乱されたのだ。

私たちは、抗生物質によって無害で有益な細菌が病原菌と共に失われるという因果関係について、ほとんど注意を払わない。多くの人は、生き残った細菌か、他の源から来た細菌がその後体内に再入植することによって病気を乗り切っている。また、ある人は芝生に種をまくように、生きた細菌であるプロバイオティクスを飲んで病気を防ぐ。そして、ティムのように、この微生物群を乱されることによって生命を脅かされる者がいる。およそ七十年前、抗生物質が産業的規模で使われ始めた。けれども、私たちはようやく今、自身の持つ微生物群に対する抗生物質による破壊を知ったのである。それは、何をするものなのだろうか。

微生物遺伝学の進化

私たちの体の中と表面にいる微生物の数は、私たち自身の細胞の数を上回る。微生物のうち細菌だけ取り上げても、その細胞数のおおまかな推定値は、人間の細胞数とほぼ等しい（注7）。これらの微生物種は混合し、バイオフィルム［生物膜：細菌とその分泌物によって作られる膜状の構造物］を形成し、毒を出し、交配し、クローン［無性生殖によって作られる子孫］を作り出しつづける。私たちの生命は、目に見えない細菌、菌類、原生動物、ウイルスの多様性に依存している。これは十七世紀まで知られていなかった。当時、オランダの服地商で科学者のアントニー・ファン・レーウェンフックが彼の顕微鏡の下で「アニマルクール」［極微動物］を発見した。彼が独自に造り上げたレンズは、良い布を粗悪品から区別するためのものであった。レーウェンフックの顕微鏡はせわしく動く微生物の世界を人類に紹介した。その後、ドイツの医師、ロベルト・コッホが病気の原因である微生物を特定する「原則」を発見するまでには、なお二百年かかった。彼は病気と特定の微生物のつながりの判定基準［（1）一定の病気に一定の微生物が見出される、（2）その微生物が分離出来る、（3）分離した微生物から同じ病気が発生する、（4）その病気から同じ微生物が分離出来る］を提供した。そのあと微生物学は遂に長足の進歩をとげたのである。二、三年以内に、炭疽病［皮膚に発疹が出て高熱を発する病気］と肺結核のような病気が特定の細菌の感染によることがわかった。コッホの「原則」では細菌を分離して育て、純粋な細菌のコロニーを得る必要があった。一滴の血液、唾液、あるいは土でさえも栄養分豊富な寒天培養基に擦り付けると、約一日以内に、細菌の個体が針の先ほどのコロニーとなり、これが何回も分裂して目に見えるコロニーが現れる。細菌を培養し、種類を見分けるには特殊技術が必要で、それはコッホの時代からほとんど変わっていない。今日、細菌実験室に入ると、寒天とチキンスープのような栄養豊富な煮汁の臭いが一陣の風となって吹き付けてくる。

最近まで、私たちの微生物の知識は、捕まえて培養することが出来る種類に限られていた。それは細菌の全種類の二パーセントと推定された。しかし、細菌は（直線的な染色体を持つ植物、動物、人間とは異なり）環状の染色体を持つことが断片的にわかった。また、菌類の細胞は私たち自身のものとよく似ていることや、細菌と菌類によって分泌される化学物質が抗生物質として用いることが出来、細菌は一つのものから他のものに直接遺伝情報を渡すこともわかった。私たちはまた、すべての生命――細菌、フジツボ［海産動物の一種］、トコジラミ、人間の如何にかかわらず――遺伝的暗号［DNA］を共有していることを知った。DNAの四個の分子［塩基と呼ばれる］――グアニン、シトシン、チミン、アデニンで、それぞれG、C、T、Aと呼ばれるもの――の異なる配列が異なるタンパク質をもたらす。これらのタンパク質は私たちの細胞を作り、私たちを何者にするかを大きく方向付けする。

二十世紀の初期の数十年以来、科学者たちはDNAがその形質を一つの世代から次の世代に運ぶ上でなんらかの働きをすることを理解した。この理解は発見の旋風を巻き起こした。世紀の中頃、ロザリンド・フランクリン、ジョージ・ワトソン、フランシス・クリックがDNAの正確な構造を明らかにした。それは、現在、二重螺旋として知られる、対をなした塩基のねじれた梯子である。少し後の一九五七年に、クリックは遺伝子の暗号であるDNAの塩基配列［シークエンス］がアミノ酸の種類を決め、そのアミノ酸によって特定のタンパク質が合成されるという考えを提案した。次の二十年以内に、科学者たちはDNAをいかに切り離し、共につなぎ合わせるかを学んだ――それは遺伝子工学に向かう最初の一歩であった。その進歩がわくわくするものであったように、DNAのシークエンシング、すなわち塩基配列の正確な決定までには長い過程があった。科学者たちはタンパク質の建築ブロックであるアミノ酸の配列の暗号を十分に読むことは出来た。しかし、一個の簡単なウイルスの遺伝子の暗号解読にも到達出来なかった。科学者たちは遺伝子図書館の子どもの領域を拾い読みすることに終始し、トルストイやプルーストの作品を夢見るばかりであった。しかし、今、新しい技術によって生命の図書館のほとんどすべての本に接することが出来るようになり、遺伝学から進化、生態学そして微生物学までのすべてについての私たちの知識が増えている。そして、この知識は病院と農場の両方における長年の問題を解決する革命に燃料を供給しつつある。

DNAの暗号を読む

遺伝子の暗号を速く読む方法の鍵は、ハーバード大学のウォルター・ギルバートと大学院生アラン・マクサム、そしてイギリス・ケンブリッジ大学のフレデリック・サンガーによる研究から始まった。ほとんど同時に両グループは革新的な発見を成し遂げた。それは比較的速やかに生命の、A、T、G、Cの配列順序を科学者たちが知ることが出来るものである（この研究で一九八〇年にギルバートとサンガーはノーベル賞を獲得した。サンガーは二度目の受賞であった）。研究方法は異なったが、彼等は現在の遺伝子シークエンシング時代をスタートさせた。一万もの塩基対《つい》［A—T、G—Cの対］を持つ遺伝子を、短時間で解読することが遂に出来るようになり、科学者たちが生命の物語のある段落を読むことを可能にした。しかし、なお、物語全体を読むところまでは行っていない。ページは順序が狂っている。そして、「物語」の多くは不明瞭である。それは科学者たちが「がらくたDNA」と名付ける遺伝的な意味のわからない、もつれがあるからである。進歩はなおも比較的遅い。しかし、その間にもう一つの世界を変える技術が急速に発展しつつあった。それは、コンピューター科学である。

一九七〇年代にギルバートとサンガーが、彼等の技術を生み出している時に、情報の各ビット［最小単位、0か1で表される］は実験室のノートからコンピューターのパンチカード［初期のコンピューターでは穴を開けたカードが情報を示した］に移され、それから科学者たちがその結果を昼も夜も待って数日を過ごす間に文字にされた（注8）。それは退屈で費用がかかった。それでも、DNAシークエンシングは急増し、アメリカ国立衛生研究所（国立がん研究所を含む、さまざまな衛生研究所とアメリカ合衆国エネルギー省による共同支援）がこれをしっかりと把握し、遺伝子銀行を形成した。これは生命の暗号の最初のデータベースである。わずか二、三年の間に、シークエンシングが容易にコンピューターでアクセス出来、パンチカードが磁気テープに道をゆずり、データベースは二〇倍に成長した。一九八五年までに遺伝子銀行は約五七〇〇のシークエンスを持った――それらは地球上の生命の最初の遺伝的代表を構成するウイルス、植物、動物の一部を記載するDNAの広がりを解読するものである（注9）。その時、五七〇〇種の細菌のシークエンス、あるいは七〇万の塩基対がわかった。これらは細菌からシークエンシングされたDNAの塩基対であったが、細菌からすべてシークエンシングされたものではなかった。暗号が解かれたものは報告されたが、欠落が残っていた。二十世紀が終わりを迎えようとする時、完全にシークエンシングされた生きた生物はなかった。

ヘモフィルス・インフルエンザ――インフルエンザを引き起こす微生物で、ティムが抗生物質を無理に飲まされた病菌に似ている可能性がある――は完全にDNAのシークエンスがわかった最初の生物である。クレイグ・ヴェンターたちはその遺伝的暗号を一九九五年に解読した。二〇〇〇のタンパク質を符号化する遺伝子と約二〇〇万の塩基対が生命の遺伝子図書館における「完全に翻訳された」最初のものであった。しかし、五年前にもっと大胆なプロジェクトが始まっていた。それはヒトゲノム［ゲノムとはある生物の全遺伝子情報］プロジェクトである。アメリカ合衆国エネルギー省とアメリカ国立衛生研究所によって開始されたこのプロジェクトは、方法論についての意見の相違で、その動きが遅く、シークエンシング革命に早くから取り組んだヴェンターはいらだった。解読のペースを早めるため、ヴェンターは一つの個人企業を創立した。二〇〇一年にヒトゲノムプロジェクトとセレラ社［ヴェンターが創立した会社］は同時に別々の科学雑誌に最初のヒトゲノムの「下書き」を投稿した。人間は自分自身の暗号を完全に解読したのである。

ヒトゲノムのシークエンシングは遺伝的シークエンシングの技術を、時間と、労力と費用のかかるものから、自動的な過程へと進めた。そこでは、DNAの数万塩基対がほんのわずかな時間、数時間あるいは数分でシークエンシングされる。ここ数十年、ある土壌微生物を分離し培養してきた微生物生態学者は「数千枚の培養皿を要したことが、今では一本の管で出来る」と言う。公的に手に入る多くの遺伝的データは、今では、数万種の情報として遺伝子銀行に貯められている。もしあるシークエンスや報告を探しているならば、そこに行くべきである。大部分は微生物に属する、細菌、ウイルス、古細菌（細菌に似た生物）［高温、高塩類濃度で生育する単細胞生物］である。そこでは数万種の細菌のシークエンス（完全なものとそうでないものがある）が今、手に入る（注10）。

この数十年で、私たちは、人間が動物細胞の組織化された集合体以上の物であることがわかってきた。しかも、新しいシークエンシング技術は微生物学者に寒天培養の限界を超えて生命を探し出す力を与え、人体、土、深海、極端な環境そしてその他の場所の中の複雑な微生物を明らかにしつつある。読むべき数十億冊の本がある図書館は開いた。しかし、読むことと理解することの間には容赦のない違いがある。私たちはゲノムを速く読むことは出来るだろう。しかし、おのおのの新しく発見されたウイルスや菌類や細菌の特性のデータが多すぎることに悩まされる。彼等の成長の燃料は何か？　彼等は誰と協力するのか？　いかなる条件の下で彼等は病原性——あるいは有益性を持つのか？　やがてメタゲノミクス［試料から直接回収されたすべてのゲノムを解析する手段］、すなわち生物共同体のすべての遺伝的DNAのシークエンシングが役に立つことだろう。

微生物共同体についての、前代未聞の洞察を提供することによって、メタゲノミクスは地球上の生命についての私たちの考え方を変えつつある。単一の微生物に焦点をあてるだけでは不十分である。人びとが近所の人たちの中で生きているのとちょうど同じように、鍵のかかっていない車から金品を盗むような人の過失によってではなく、家で育てたトマトを分けてくれる近所の人の気前よさによってでもなく、むしろそこにある豊富な多様性によって、微生物は複雑な共同体の中に存在している。メタゲノミクスは扉を開くだけではなく、何が共同体を活気づけ、何がそれをばらばらにするかを見抜けるようにする。それは、遺伝的技術革命における次のステップである。そして研究はすでに大きい道へと進んでいる。メタゲノミックテクノロジーは「微生物世界を探求して、より良く分析する能力を私たちに与えます」とシカゴ大学の微生物生態学者で、地球微生物プロジェクトの創立者であるジャック・ギルバートは言う。「それは株式市場に似ています。もし私たちが毎日の終わりにだけ市場についての情報を得るのであれば、物事がいかに変わるかについて質の低い分析しか得られないでしょう。微生物世界は空間、時間、代謝そして機能的構成において常に流動的だからです（注11）」。メタゲノミクスは私たちが、私たち自身の体と、より大きい世界の中で運動する生態系をとらえることが出来るようにした。これはたのもしいことである。なぜならば、抗生物質と抗微生物剤には便益があるにもかかわらず欠点を持つ、ということを私たちが理解しつつあるからである。大規模な細菌の破壊は人体であろうと農場であろうと極めて有害である。

抗生物質の光と影

人類は、存在の初めから、ある種類の細菌とウイルスとの戦争状態にあった。ペスト［黒死病］はユーラシア大陸を席巻し、炭疽病は家畜に感染し、疫病はジャガイモに感染してアイルランドの大飢饉をもたらした。私たちは、遺伝的暗号あるいは微生物世界について多くを知る以前であっても、いかに自らを守るべきかを知っていた。ウイルスの存在が知られるかなり前から、例えば天然痘を粗製のワクチンによって追いつめてきた。はじめのうち、医師はブドウ球菌、レンサ球菌、クロストリジウム菌のような細菌が人の皮膚の上を乗り移るという知識はなかったにもかかわらず、医師がある患者から次の患者に移る間に手を洗い始めるようになってから、若い婦人が産科病棟で分娩後に死亡することから救われた。そして、コッホが彼の「原則」を開発する十年以上前に、人間の排泄物を飲料水の水源から遠く離すことによってコレラを抑制した。目に見えない微生物が体に感染するだけでなくて、生命を奪うとわかったのは惨めで不安なことであった。しかし、ルイ・パスツールはこれらの発見に希望を見出し、一八七八年に次のように書いている。「もし、生命がこのような微小な物の増殖のなすがままであるという恐怖を覚えても、そのような敵を前にして科学が無力なままでいるはずがないという希望が、慰めとなる（注12）」。数十年後、彼の予想は真実であることが証明された。

抗微生物剤（抗生物質を含む）は人類と病原体の間で進行中の戦闘の里程標となっている。しかし、戦場は私たち自身の体なので、微生物に対して攻撃する化学物質が、私たち自身の細胞への二次的な損害をもたらす危険がある。水銀やヒ素のような初期の抗微生物剤は、明らかに有害であった。ならば、いかにして患者を害することなく病原体を破壊したら良いのだろうか？（注13）この生化学的な板挟みは、より良い見通しを探していた微生物学者によって偶発的に解決された。十九世紀にブームとなった合成染料工業によって作られた鮮やかな青、赤、そして紫の染料で実験をしていたハンス・クリスチャン・グラムは、人間の肺の細胞の中で、肺に感染する病原体を識別する方法を探していた。現代の高性能の顕微鏡でも生きた細菌を見ることは難しい。人間の細胞と細菌を識別することはほとんど不可能である。しかし、細胞を染料で染めれば、違いが見える。グラムは手に入る染料の組み合わせを用いることによって、細菌の細胞に特定の色を染み込ませた。ある細菌は青に染まった一方、人間の細胞は染まらなかった。ドイツの医師パウル・エールリッヒは、この選択的染色を知って驚いた。彼は、もし化学物質が微生物を人間から識別することが出来るなら、化学物質はそれ以上のことをなし得るのではないか？と想像した。

世紀の変わり目に見つかった染料の選択力を利用して、エールリッヒは、微生物を殺すが、私たち自身の細胞は傷つけない分子を探した。彼とその同僚は数百の候補を試験したあと、頑固な病気である梅毒をゼロにする化学物質で大成功した。トレポネーマ・パリドウム菌が原因である梅毒は男と女を殺し、不具にした。感染した母から産まれた子どもも同様であった。サルバルサンとして一九一〇年に市販されたエールリッヒの合成抗微生物剤は細心の注意を払う必要のある新発見であった。多くの場合、それは梅毒を治療したが、安全に投与することは難しかった。時には、その投与が致命的になることもあった。

例えば、生後十八ヶ月のマーガレット・Kの場合である。彼女の金髪の肖像が米国医学会雑誌に出ている。彼女の外生殖器と肛門はコブと腫瘍で覆われていた。病変の中にはトレポネーマの螺旋状細菌が群れ、彼女の母親から感染したもののようであった。サルバルサンは魔法のように効いた。彼女の医師は「毎日、彼女を見ているものにとって……この即効性は、ほとんど信じられなかった（注14）」と書いた。それから毒性が働き始めた。この薬によって彼女は消耗したように見えた。鼓動は弱々しくなり、脚は弛緩し、弱って頭を持ち上げることが出来なくなった。彼女の医師は希望を失い、こう書いている。「幼児は副作用の痕跡を示した。……回復の見通しは疑わしい（注15）」

それでも、薬が効く時には、効果はほとんど奇跡的であった。人間を悩ませていた病原体は、彼等を墓に行かせることなく、征服された。エールリッヒの発見は梅毒に限られていたけれども（今日、そのような選択性は良いことと見られている）、感染性の病気に対する闘いの化学的前線が開かれた。それから、いかに多くの病原体が人類の新しくふりかざす原子と分子の命令に倒れたか？　サルファ剤が次に来た。一九三〇年代の初めにドイツの科学者ゲルハルト・ドーマクによって発見された、これらの新しい薬品は、広い範囲の病原細菌を殺すことが出来、ただ一つの病気しか治さなかったサルバルサンを出し抜いた。人類の歴史の中で、数多くの、かつては致命的だった感染症がたった一つの薬剤によって初めて治療されたのだ（注16）。今日、これらの発見が、刺し傷や天然痘あるいは呼吸器感染からの死に慣れていた大衆の上にいかに強い影響を与えたかを想像することは難しい。そして、この薬効範囲が広いことが、欠点であることは、ずっと後になってわかるのだ。

サルファ剤は、病原菌の抵抗性の進化によって地盤を失う時まで、ほぼ十年間薬剤のトップに君臨しつづけた。しかし、それから、一つの新しい、より効果的な薬がやって来た。ペニシリンである。スコットランドの科学者アレキサンダー・フレミングによるその発見は典型的な偶然の物語であった。一人の科学者が休暇に行って、ペトリ皿が流し台の中で腐るまで放置され、そのあとに生えたペニシリウムカビのまわりの細菌が死んでいたことが観察された。しかし、ペニシリンが薬局の棚に載るまでには十年かかった。改良された技術と共に、一九四〇年代の戦争での必要性と組み合わされて、はるかに生産的なペニシリウムカビ（イリノイ州ピオリアのカンタロープ［マスクメロンの一種］の上に生えていた）がフレミングによって発見され、これが現代の薬における最大の発見の一つとなった。ドーマクあるいはエールリッヒの発見とは異なり、これは薬効範囲が広い強力な殺菌剤で、自然によって生産され、人類によって収穫された。もはや人類は救いのない病原細菌の犠牲者ではなくなったのだった。

ペニシリンが現れたあと、他の抗生物質は、生物によって生産される抗微生物剤と定義されるようになった。それはアミノグルコシド系、カルバペネム系、セファロスポリン系、マクロライド系などである。けれども、天然の化学物質（自然から得られたから安全だと考えることは正しいだろうか？）を摂取することには大きなリスクがあった。自然には、細菌、菌類、ウイルス、単細胞の原生動物が複雑な共同体の中に共存している。自然の中での縄張りと必要な栄養分などの争いがあるが、コミュニケーション、助け合い、組織化もまたある。私たちが抗生物質と呼ぶ化学物質のあるものは微生物が縄張りか食物を守るために使われる一方、コミュニケーションの手段としても働いている。私たちの病原菌を根絶しようとする探究の中では、これらの微生物の社会がいかに彼等自身を調節しているかについて、私たちはこれまでほとんど注意を払ってこなかった。個々の細菌種を個別に培養する操作によって、微生物共同体の複雑な性質は見逃されてきた。これは、教室の中のいわゆる問題児を、その行動が級友と教師に大きな影響を与えていることを考えることなく教室から引き離すことに似ている。ほぼ一世紀の間、私たちは広域抗生物質を使って数えきれない生命に大きい影響を与えてきた。それらは全く奇跡的な治療であった。しかし、私たちはその結果についてあまり理解しないままに使ってきた。特に繰り返し処置を受けた人、あるいは院内感染に悩む人がそうであった。その結果、ティムのような数万の人がクロ・ディフ——日和見的細菌が大災害のあとの略奪のようにはびこり、一時は整然としていた微生物共同体が混乱に陥る——のような抗生物質処置後の感染に悩んでいる。この不均衡をいかにして正すべきだろうか?

失われる微生物たち

微生物の発見の初期には、病原体が次々と明らかになった。それでもルイ・パスツールは微生物の世界には良いものもあることを知っていた。パスツールは「生命は微生物なしには長く存続することが出来ないだろう(注17)」と書いた。そうだろうか? 科学者たちは、無菌の生命に挑戦し、その後「無菌動物」（微生物なしで生きる動物）を開発した。ラット［ダイコクネズミ］、モルモット、ニワトリはすべて無菌で生きた。無菌で生きるマウス［ハツカネズミ］は生きのびただけでなく、通常より長く生きた。病原菌によって失われる人類の生命を考える時、微生物、特に病原微生物のない生命は魅惑的であった（注18）。医療微生物学は病原体に焦点をあてて始まった。すなわち、「死んだ細菌だけが良い細菌」であった。私たちはここ一世紀ほどの間、その託宣によって生きてきた。抗生物質と消毒剤があり、抗微生物剤漬けの商品が次々と現れ、手の消毒剤がいつでも手に入ることから、私たちは細菌恐怖症になってきた。微生物がなければより良い生活が出来るという概念は、ヒトマイクロバイオーム［人体内の微生物群］について私たちを無知な状態にした。体の中と表面に細菌がいるということは、ここ数十年間知られてきたことではあるが、これらの細菌が腸の中と皮膚の上で何を行っているかは、実際には誰も知らなかった。私たちは病原微生物に焦点を合わせる一方、微生物群を無視した。

医師でニューヨーク大学のヒトマイクロバイオームプロジェクトの主任であるマーティン・ブレイザーは、私たちのライフスタイルが、長年私たちと共にいた細菌種を失わせることを警告している。彼の本『失われてゆく、我々の内なる細菌』［山本太郎訳、みすず書房］の中で、ブレイザーは膣から出産した幼児と、帝王切開によって産まれた幼児の間の違いについて書いている。産道を通って産まれた幼児の微生物群は膣の微生物群と似ている傾向があるが、帝王切開によって生まれた幼児の微生物群は母親の皮膚に棲む細菌の集団によりよく似ている。外の環境にさらされると、その後は外界のシステムに合致するようになるけれども、ブレイザーはこれらの生命の初期の違いによってもたらされる効果が長続きすることに驚いている。それからヘリコバクター・ピロリ［ピロリ菌］の消失の事例がある。研修中の医師と科学者は酸性の胃は無菌だと何年も教えられてきた。しかし、ピロリ菌は人間集団の約半分の人の消化管の中に棲んでいる。胃のガンと潰瘍をもたらすが、私たちの免疫システムの維持にも働くという二面性を持つこの細菌は、友達と敵の間の中間点にいる（注19）。すべての子どもは、少なくとも産まれて間もなくはこの菌を持っている。しかし、今日、子ども——私自身の子を含む——には一連の抗生物質処置のあと、ピロリ菌が消失しつつある。「胃が守られている間はこの菌は永遠であった」とブレイザーは書いている。「しかし、ピロリ菌は、過去七十年間の抗生物質の猛攻撃のために全くいなくなった（注20）」

抗生物質は生命を救うものでありつづけることは否定出来ない。しかし、同時に私たち自身の細菌を殺すことによって（そしてますます衛生的な世界に生きることによって）、私たちはヒトマイクロバイオームを変えてきた。そして、ひとたび、ある生態系あるいは共同体が変えられると、その修復は難しい仕事となる。これは森林、海岸、湿地などの生態系、そして私たち自身の消化管の微生物群で見られる。ティムの場合、アウグメンティンは彼の肺の感染細菌を壊したが、この薬は他の無数の細菌も殺したようである。その細菌の中には、乳酸菌、大腸菌、プロテウス菌、肺炎桿菌、エンテロコッカス菌、バクテロイド菌、ピロリ菌が含まれる（注21）。すべてが、クロストリジウム・ディフィシルの定着を妨げる複雑な微生物群のメンバーである。

微生物の中で、クロストリジウム属はタチが悪い。缶詰に発生すると缶が膨れるので食品貯蔵室では膨れた缶詰に注意しなければならない。クロストリジウム・ボツリヌス［ボツリヌス菌］の毒素一グラムをばらまけば、数百万人を殺すことが出来る。クロストリジウム・テタニ［破傷風菌］は土の中にいる。傷口から手や足に深く入ると人は死ぬことがある。クロストリジウム・ディフィシル――クロ・ディフ――もまた毒素を作る。彼等は胞子を作ることが出来、胞子はさまざまな悪条件でも生きている。クロストリジウムは難治性疾患を起こす。下痢が起こっている間に排出されて容易に他の人に伝染する。その上、クロ・ディフの胞子は調理台、下着、便器あるいはドアの取手の上に残ることが出来る。それがティムのような入院患者が災難にあう理由である。

クロ・ディフは一九三五年に最初に「正常な腸内微生物相」の一部と記述され、一九七〇年代に、医師たちは抗生物質に関連した下痢の影響を認識した（注22）。毒素を生産する系統は細胞構造の破壊を引き起こし、出血下痢、腸の痛み、そしてひどい場合には傷ついた腸の外科的切除を必要とする（注23）。二〇一一年に約五〇万人のアメリカ人がクロ・ディフに感染し、少なくともその四分の一が入院中の感染であった（注24）。二万九〇〇〇人が診断のあと三十日以内に亡くなった（注25）。

プロバイオティクスへの過信

パスツールとコッホから一世紀以上、人体の微生物群の役割についての発見は医学的に大きな反響を呼び、次々と行われた研究によって私たちの体と心が微生物の大群となれあっていることが明らかになった。無菌のマウスとラットを覚えているだろうか？　彼等の体は健康のようにみえるが、最近の研究によれば彼等の脳を含む器官は正常なネズミのそれとは違っていたことが示されている。数々の研究が今、消化管の微生物が脳にメッセージを送っていることを示唆している（注26）。運動から記憶まで、健康な微生物がいないことは行動に影響する――それはネズミだけでなく人間でも同じである。

私たちは数十年間、有益な細菌を無視した後、今ではそれらについて悩むようになったので、私の夫は微生物による防御が主張されるまでの時間がいかに長かったかに驚いている。そして「腸の具合が悪かったので、自分を止めることが出来ない［腸の微生物が人の行動に影響する］」などと言う。微生物は日々の治療をしてくれている――成功の程度は変わるが――下痢から肥満、精神の健康に至るまで。腸のための、膣の健康のための、そして皮膚のためのプロバイオティクスがある。しかし、現在、プロバイオティクスは健康維持のための開拓時代にある。薬よりも、むしろすべて自然素材のダイエットサプリメントのように、それらには臨床試験を義務づける規制がほとんど、あるいは全くない。

数年前に、私はついにビフィドバクテリウム［ビフィズス菌］のプロバイオティクスを処分した。それは他の魚油とさまざまな種類からなるビタミンのような栄養サプリメントと共に、私たちの冷蔵庫の上の棚に長い間、置きっぱなしになっていた。ビフィズス菌は腸に普通にいる微生物である。その瓶はサムと彼の姉のソフィーの就学前に近所の看護師からもらったものだが、抗微生物剤とのタッグチームに見えた。こうした抗生物質の効果を減殺するような処置に懐疑的だった私は今、その瓶が決して開けられなかったことを認めるのがいくらか恥ずかしい。幸いなことに、子どもたちには目に見えた問題はなくアモキシリン、セファレキシン、ドキシサイクリン（「ドキシ」）［いずれも抗生物質］の投与を切り抜けた。しかし、彼等の腸内微生物相にどんな変化が起きたかを誰が知るだろうか？　アメリカ腸プロジェクトの共同創立者であるロブ・ナイトは彼のＴＥＤ［幅広い分野の専門家に講演してもらうイベントの主催者（アメリカの非営利団体）］での腸内微生物に関する講演で、抗生物質を処方された子どもの腸内微生物相のイメージを示した。それは、ほとんど、「リセット」ボタンを押されたようであった。

その微生物共同体は、幼児期に特徴的な微生物が、大人になるにつれて消失していた。ナイトはその出来事を「何ヶ月もの挫折」と記述する（注27）。その講演を見て、私は、私の子どもたちの腸がこれらの「抗生物質時代」の間、いかに反応したか、また開けなかったビフィドの瓶が何らかの違いをもたらしたかどうかを知りたいと思った。

今日、プロバイオティクスの一大流行があるが、決定的なデータはない。雑誌広告と新聞記事あるいは薬局の棚に並ぶ瓶の上で私たちが見るすべての主張にもかかわらず、アメリカ国立補完統合衛生センター（NCCIH）は用心深い。二〇一五年に彼等は次の声明を出した。

我々は、どのプロバイオティクスが有用で、どれがそうでないかをまだ知らない。我々はまた、どれほどの人びとがプロバイオティクスを飲み、誰が最も便益を得たかも知らない。それでも、多くの研究者たちがこれらの疑問への答えを見つけようとして、なお研究中である……。アメリカ食品医薬品局（FDA）は、いかなるプロバイオティクスも、なんらかの健康問題を予防したり、治療したりする効果があることを認めていない。ある専門家たちは、プロバイティクスの使用と便益についての科学的研究よりも早く、その市場と利用が急速に拡大していることを警戒している（注28）。

言いかえれば、この分野の科学は誰かが良い微生物の混合物をはっきり説明するには、まだあまりにも新しい。しかし、のちにFDAが認めた一つの処置がある。それは便の移植である（注29）。便の移植は自然のプロバイオティクスに似ている。それは単純に言えば、一つの腸からもう一つの腸に便を移すことである。そして、それは新しい手法ではない。一七〇〇年前、中国の東晋王朝（元前三一七―四二〇年）の間に、医者が、人の便を浮かべた水をひどい下痢の人に「口から」流し込んだと資料に書かれていた。この処置は患者を「死の瀬戸際から戻した」（注30）といわれている。今日、便移植治療によるクロ・ディフの治癒率は研究によると八〇から一〇〇パーセントであり、いわゆる便銀行が国内に突然現れている（注31）。ボストン地域では、人の便をオープン・バイオーム［マサチューセッツ州の非営利団体］に提供することによって四〇ドルを受け取ることが出来る。この団体は、「移植に使うための便の微生物相の安全な提供を促進し、人の微生物相の研究を媒介するものである（注32）」。完全な審査（医療面接と血液、便の試験を行い、いかなる感染病にもかかっていないことを確かめる）の後、誰でも自由に提供を始められる。

二〇一〇年にティムが感染した時はまだ、便移植は標準的処置ではなかった。しかし、どうしようもなかった。「私たちはなんでも喜んで試しました」とカレンは回想する。「私たちは少し調べてみました。胃腸病専門医は（感染のために）二二・七キログラムも体重を失った人のことを話しました。この人はほとんど直ちに治療されたそうでした」。少なくとも試みてみる価値はあった。その時、この処置はＦＤＡによって承認されてはいなかったので、病院に気付かれないように行わなければならなかった。「私たちは、やろうとすることを、誰にも話すことが出来なかったのです」とカレンは言う。「病院はそれが危険であると考え、それを行うことを望んでいなかったのです」。しかし、彼女が言うには、彼の担当医師は既存の枠にとらわれない挑戦者だった。

次に、彼等には提供者が必要だった。極めて近い肉親――両親、兄弟あるいは子ども――が最良であり、カレンが最適であった。不幸なことに家族の他のメンバーは自身の病原菌――クロ・ディフではないにしても、ＨＩＶ［エイズ］、肝炎、あるいは消化管の普通の病気、病原性大腸菌からサルモネラまで――を持っている可能性があった。「私たちは沢山の試験をしました」とカレンは言う。それから訓練が始まった。「その場で行わなければなりません。移植は午前十一時だったので、私は十時五十分に便を出さなければならなかったのです」。提供物は漉され、処理され、移植は内視鏡――私たちの多くは結腸内視鏡を経験している――を通して執行された。結果には何の保証もなかった。そして、もしそれが働いたとしても、ティムは何回も繰り返し抗生物質の処置を受けることだろう。新しく移植された微生物共同体は、そのような乱用を妨げるだろうか？

二十四時間以内にティムのひどい下痢はおさまり、完全に形のある大便にとってかわった。カレンは、それまで抗生物質と関係してきたことを思い出しながら、結果は奇跡的だったと言った。そして、それから五年間、ティムの新しい腸内微生物相は、短い時間で繰り返す感染と抗生物質処置はあったものの、クロ・ディフを妨げるように管理されてきた。ティムは数千人のクロ・ディフ感染者の中の一人である。さらなる研究は古代中国の医師が二千年前に考えたことを確証しつつある。便移植は有効である。注目されるように、その処置はバンコマイシンよりも効果的である――絶対的に。しかし、たとえ抗生物質が引き起こすクロ・ディフの感染が増えつづけたとしても、抗生物質治療の治療力は棚上げに出来ない。「祖母は、抗生物質がなかったので、肺炎で亡くなりました。人びとはいつも肺炎で死んでいます」とカレンは言う。

数年たった二〇一三年に、ＦＤＡ（アメリカ食品医薬品局）は、研究目的のために医師が要求する実験的薬剤として便移植を扱うことを始めた。患者への十分な説明、必要性、リスクの完全公開を未決定の上で処置を許したのだ。

自然と手を組む

この手際の良い解決法は生命を救うことが証明されたけれども、それがどのような仕組みで起こったのかは認識出来ないでいる。それは生態学の働きの一つである。便移植対バンコマイシンの治療力を確かめる研究が発表されたあと、進化に関するブログに次の見出しと共に記事が投稿された。「便移植は効果的であることが示された――生態学あるいは進化にはなんの言及もなしに」（注33）。便移植は究極の生態学的解決法である。過去数世紀を越えて、私たちは自然物を殺そうとする治療を探してきた。しかしそれは不可能な仕事である。自然は私たちであり、私たちが自然なのである。

私たちは体内とまわりの微生物世界を把握しはじめ、敵よりもはるかに多く味方を持っていることを認識しはじめている。ノーベル賞受賞者のジョシュア・レーダーバーグは、我々の集団的ゲノムがつながっていることを観察して、「我々の最も洗練された飛躍は、マニ経（二元論）の微生物観――我々は善であり、彼等は悪である――に落ち着くであろう」と書いている（注34）。その代わり、私たちは相互に依存しているということを受け入れなければならない。二十世紀の技術は私たちを自然から孤立させた。しかし今、二十一世紀の技術は、この仲違いを修復しつつある。ゲノム学、コンピューター科学、分析化学、そしてその他の新しい技術が、より良い健康に導くであろう。微生物の生態学によってもたらされる新しい技術を用いて、私たちは自然世界と対抗するよりは、共に働くことが出来る。そして、攻撃する以外に他の選択肢がない時でも、極めて最小限に微生物をより戦略的に、害のあるもののみを標的にして、より大きい共同体をそのまま残すように管理することが出来る。ティムの最初の感染は、抗生物質でゼロにすることが出来たかもしれないが、おそらく、彼はクロ・ディフを防御しながらバンコマイシンで一年間をすごすことは決して出来なかったろう。私たちはより良く生きることが出来る。それがこの本が扱うことなのである。

第2章　畑で働く微生物

にぎやかな微生物群

それは六月の遅い午後だった。私はしゃがんで、背中に日の光を浴びながら丸まるとした温かいイチゴを摘んでいる。あたりには足の下で潰されたイチゴの香りがただよう。汁が私の指を染める。私はCSA［共同体支援農業］のレッドファイア農場の約一リットルのイチゴの分け前をカゴに満たす。それから、新鮮で飴のように甘いイチゴを口に詰め込む。これらは、美しく、合成化学物質なしでワラの上に横たわっている。この約二〇〇〇平方メートルの有機栽培農場にどれほどの努力が注ぎ込まれているのだろうか。ニューイングランド地方ではイチゴは夏を最初に告げる果物である。しかし、その旬は、すぐに終わってしまう。それはわずか数週間つづくだけで、それからはフロリダや、カリフォルニア産のイチゴに再び頼らなければならない。それは、長距離を輸送され、あまり甘くなく、値段が高い。戦後のブーム以来、カリフォルニアは世界的なイチゴ生産地であり、他の州よりも多くのイチゴを出荷してきた（注1）。

イチゴはリンゴと比べてデリケートで、オレンジに比べて皮が薄い。大きい果物なら、皮をむいたり洗ったりして、残留農薬を完全にではないにしても減らすことが出来るが、イチゴではこれが出来ない。これが、一般的に育てられたイチゴに、アセタミプリド［ネオニコチノイド系殺虫剤］からキャプタン［殺菌剤］、ピラクロストロビン［殺菌剤］などに至るさまざまな薬剤が残っている理由である（注2）。これらの化学物質によって、イチゴは環境ワーキンググループの「汚れた一二種」――残留農薬検出にもとづく果物と野菜の年間ランキング――の中で悪名高いメンバーになっている（注3）。植物病理学者のマーガレット・ロイドは、イチゴが畑で十三ヶ月も過ごす稀な作物の一つであることから、そうなることは理解出来ると言う（注4）。それは十三ヶ月も立枯れ病、腐敗病、害虫、ダニそして雑草との、貴重な水と栄養素をめぐる競争にさらされるため農薬が多く使われるのである。要するに、イチゴは世話の焼ける果物なのである。しかし、いつの日か、カリフォルニアのイチゴ生産者は、頼りになる合成化学物質を止めて、自然の防除――すなわち土の微生物――に頼るようになることだろう。私たち自身の体の微生物群を大事に育てることによって抗生物質の必要性を減らすように、健康な土を作ることは植物病害を減らし、その結果、病気を防除する化学物質を減らすことが出来る。私たちの足の下には、土の微粒子と植物の根のまわりに微生物の世界があって、これが生き、繁栄している。この植物の微生物群が私たちを農薬から解放してくれるだろう。

アトランティック・マンスリー［アメリカの月刊誌］は植物微生物群についての記事の中で、芽を出したマツの苗をガラス越しに見た画像を載せている（注5）。これは、アリの巣の断面を見る時のように、地面の上と下の両方を見たものである。若い植物は繊細で、林床《りんしょう》に突然現れたそれは、ドクター・スース［アメリカの絵本作家］の作品のように見える。その細い緑の茎は二ダースほどの針の頭を支えている。土の下には別の物語がある。根は一〇センチほど下に伸びているだけだが、土の中に繊細な白い糸が古いカエデの枝のように拡がっている。これらの糸は菌糸と呼ばれ、植物の根を取り巻いて子守り女のようにその苗の栄養と水の摂取を助けている。しかし、そこには眼で見ることが出来るイメージ以上のものがある。土の中とまわりには細菌、センチュウ［微小な細長い動物で主に土中に棲む］、菌類、原生動物などがぎっしり詰まった、「根圏微生物群」が存在している（注6）。その数は驚嘆すべきものである。一〇億の細菌、一億の古細菌、一〇億のウイルス、一〇万の菌類と菌類に似た生物、それと数十万のその他の単細胞生物と一握りの微小なセンチュウ。——これらがすべて一グラムの土の中にいる（注7）。これらは捕食しあい、助け合い、そして食物と空間を競い合う闘う集団である。土の中で、荒れ狂っているものは、地球上の最も古くからの種間闘争である。しかし、進化の過程を通じて、これらの共同体はある種のダイナミックな平衡を達成してきた。そして、私たちはそこから大きな便益を得ている。

植物の根圏微生物群は、マツの木あるいはエンドウ豆であっても、地球上で最も複雑なものである（注8）。私たちの皮膚の上の微生物群は私たちの腸の中とは異なるだろうが、そこには、ある一貫性がある。私たちの体の中の微生物群はしっかりと調節された環境の中に存在し、そこでは体温、湿度、塩分、そして栄養素が比較的一定である。それとは対照的に、農業土壌は開放的である。そこには、旱魃《かんばつ》、高温、低温、洪水があり、作物の場合には除草剤やその他の農薬と肥料が振りまかれる。微生物群は、それぞれの微生物が栄養素や根の先端への定着をめぐって乱闘したり、農薬や近くにいる攻撃的な微生物に屈服して、消えたり栄えたりしている。そして、トウモロコシ、ジャガイモ、カボチャ、イチゴあるいは草の芽生えの根が土の中に入った時には、土に何かしら奇跡的なことが起きる。植物は微生物を募集しはじめる。植物の根は糖、タンパク質、アミノ酸、ホルモン、そして菌類、細菌や、他の微生物を引きつけるような化学物質を放出する。それらは植物と地面の下の生命の間の助け合いをもたらす（注９）。微生物の多くは害がなく、あるものは植物が基本的な栄養素をより手に入れやすくし、他のものは植物から生命を吸い取る。植物を防御するものもある。それは病原体を直接に攻撃して病気を抑圧したり、植物自身の免疫システムが活動するように刺激したりする。

農業生産者は常に少数の有用微生物を認識してきた。特に、彼等は空気から窒素を引き出す硝化細菌に頼る。これは土の中の基本的な栄養素を植物が利用できるようにし、のちにこれを食べた動物の体内に入る。しかし今、遺伝子技術は世界に広がりつつある。私たちは、私たち自身の持つ微生物群が地球全体の微生物群の一つの小さい断片であることを理解している。その実体はあまりに複雑なので地球科学者で環境技術者のトーマス・カーティスはそれを多元宇宙［多数の宇宙が存在するという仮説］になぞらえる。彼はこう書いている。「私は微生物をすべての他の生きものより上の立場に置きたい。もし、最後のシロナガスクジラが最後のパンダの上で窒息死するなら、それは悲惨なことだが、それは世界の終わりではない。しかし、もし私たちがアンモニア酸化細菌（亜硝酸菌）の最後の二つの種を偶然に毒殺するなら、話は別である（注10）」

植物病理学者、土壌微生物学者そして農学者はますます根圏微生物群――それは私たちの腸の微生物群に相当する――を調節するようになっている。この根圏に棲む微生物の集合は宝物である。そしてもしそれが培養出来るようになれば、作物を守るために必要とされる化学物質の散布を減らすことが出来て、たくましい微生物共同体が農業生産者、勤労者、地域共同体、そして消費者に便益をもたらすであろう。私たちの農業の未来——私たちの食物、その中にはイチゴを含む——は、この見えないが栄えている微生物の世界と、より積極的な関係を持つ栽培に変わるであろう。カリフォルニアのイチゴ産業も同様だ。

病原体との闘い

イチゴは手間がかかり、高価な果物で、良い土地に育つ。カリフォルニア州は約一万六〇〇〇ヘクタール以上をこの果物に当てている。一方、二番目に大きい栽培地であるフロリダ州では約四〇〇〇ヘクタールで、オレゴン州は後れをとって約八〇〇ヘクタールである。二〇一五年に約一一三万四〇〇〇トンのカリフォルニアイチゴが収穫され、包装され、そして売られた。何十億ドルもの値打ちがあるイチゴは手厚く防除する必要がある（注11）。しかし、それらは沢山の病害虫を引き寄せる。どこでも共通の問題はイチゴ萎凋病《いちょう》であり、それはバーティシリウム・ダヒリアエ菌によってもたらされる。

元気の良い緑色の葉を、乾いた茶色のごみに変える菌であるバーティシリウムは生産者の悪夢——あるいは、意地の悪いおとぎ話である（注12）。この病原菌は土の中で十四年間も休眠しながら生存しつづける。それはキスによって目覚めさせられるのを待っている眠れる王女のようである。この場合、植物の根からの分泌物が手品のように働く。菌はひとたび呼び起こされると、発芽し植物の根に入って行き、その後、水と栄養素を新芽に運ぶ管の中に入っていく。感染した植物はこの菌によって管が詰まり、水の循環を絶たれて孤立する。水分を行き渡らせることが出来なくなると、植物はさらに水が必要となり、乾燥続きの気象に敏感になる。その結果、彼等は萎《しお》れ、そして枯れる。バーティシリウムはイチゴの他に、多くの食物作物、観賞作物そして木も含む数百の植物に感染する。

半世紀以上前、イチゴ産業が始まると、害虫と萎凋病を含む病害を防除する一つの新しい方法が現れた。それは土壌燻蒸［揮発性の有毒ガスを土中に送り込む方法］である。選ばれた燻蒸剤はメチルブロマイドであった。不幸にも人体における広域抗生物質と同じように、燻蒸剤は、良い菌も悪い菌も区別せずに殺した。化学物質が浸透し、効果的に土を消毒することによって有用な微生物と昆虫も死んだ。メチルブロマイドは毎年、数千トンが使われてシェアを拡大し、一つの帝国を築くようになった。それは間もなく、催涙ガスとして知られるクロルピクリンと組み合わされ、センチュウと雑草、バーティシリウムを殺した。

「メチルブロマイドは効果的です」とマーガレット・ロイドは言う。「なぜならばそれはガス態で用いられ、土の間に容易に拡がるからです。……イチゴは浅く根を張るので土中に深く入る必要はありません」。しかしながら、この化学物質は人間に対して急性毒性がある。ただし、私たちが食べるショートケーキのイチゴに混じることはない（この薬は植付け前の土にほどこされ、果物の中への残留は検出されない）。この農薬はまたオゾン層の破壊に関与している。メチルブロマイドは三〇センチ以上の深さの土に注入され、そのあと地面をプラスチックフイルムで覆うが、燻蒸剤の五〇〜九五パーセントが大気中に逃れる（注13）。メチルブロマイドは地球のオゾン層を守るための国際的条約であるモントリオール議定書［一九八七年カナダのモントリオールで採択］の通過以来、ＥＰＡ［経済連携協定］の規制対象リストに載ってきた。しかし、この燻蒸剤は、この条約によって二〇〇五年までに段階的に廃止されるまでの間は、「重大な使用免除」を与えられていた。カリフォルニア州は、イチゴ産業には適切な代替手段がないと主張した。二十世紀が終わる頃、毎年約一六〇〇万キログラムのメチルブロマイドがイチゴとコショウ、多年生植物とトマトを含むその他の作物を守るために、アメリカの土壌に注入されていた。そのうちほぼ半分はカリフォルニア州で使われた。段階的廃止にしたがって、二〇〇四年までに生産者は約三〇〇万キログラムを減らした（注14）。二〇一六年までにメチルブロマイドはちょうど二三万キログラムがイチゴ畑に使用され、その後この化学物質は使われなくなった。

頼りになる燻蒸剤を失い、イチゴ生産者とロイドのような科学者は先を争って代替品を探した。それは毒性のある化学物質に頼る以外の、この病気に勝つ道であった。この燻蒸剤の終焉によって、革新的な防除法が必要になった。そして、代替品を求める必死の探索は、イチゴ畑以外の防除にも役に立つものであった。その選択肢の一つは微生物の味方を探し出すことである。

二十一世紀に微生物群の探索が行われる以前に、イングランドの植物学者で有機栽培の先駆者であるアルバート・ハワード卿がいた。ハワードは、デュポン社［アメリカの化学会社］（とその他）が「化学によるより良い生活」という約束で私たちの思考と家庭そして農場を支配していた年月について書きながら、これとは違うものを唱道した。それは堆肥であり、命と栄養をもたらすものとして知られている魔法のような黒い宝物である。もし農業者が健康な土で栽培するなら、化学物質にそれほど頼る必要はないと彼は考えた。本質的にハワードは自然を通じたより良い生活を主張した。「我々が栄養をとるために」と彼は書いた。「少なくとも二つの誤りが犯された。食物は多くの場合、毒を盛られた土で育てられた。これは後に精製され、加工され、さまざまな方法で保存された。これらの二つが、語られていない悪影響の原因となる（注15）」。彼が、今日、私たちの食品棚に並ぶ食物を見たらさぞ怖がったことだろう。

化学的な添加物のかわりに、ハワードは微生物的生命の力を信じている。「この一〇〇万の一〇〇万倍もいる微小な生命の集団は……生まれ、成長し、働き、そして死ぬ。彼等は時には互いに闘い、勝利するか死ぬ……。この活発に働く土の中の生命は、偉大な生命の車輪を動かす第一のものである（注16）」。堆肥――それは農業における第1章で紹介した人の便移植に相当する――は土地を微生物で満たすものである。

しかし、耕され、燻蒸され、施肥されてきた土は、たくましい微生物共同体が生きていくには辛い場所である。母親の免疫と微生物群を引き継ぐ新生児とは対照的に、トマトの芽や、イチゴの苗、コムギの苗が、その優しい根を土の中に伸ばす時に成長を始めることを考えてみよう。これらの植物は、私たちの味覚を満足させ、生産者の小さい畑に並ぶために成長するが、野生のままで生き残ってきたものではない。多くのものは育種の過程で、本来持っている、しばしば苦い味のする［食味の悪い］防衛力をはぎ取られている。彼等は防御の必要がある植物である。化学物質で処理された土に植えられた時、健康な土壌微生物を集めようとする植物は、強力な抗生物質の影響から回復中の患者と同じである。

ある畑では、生産者が土を毎年燻蒸剤で消毒していても、バーティシリウムは戻って来た。その他の微生物も同様であった。二、三の疑問がある。地下では何が起こったのか？　病原体はいかにして戻ったのか？　これらの微生物はどこに隠れていたのか？　彼等がその先祖より強かったのか？　おそらく皆殺しは解決ではなく、新たな問題を引き起こす。きっとバーティシリウムは、腸内のクロ・ディフと同じように微生物社会の順位で優位に立ったのだろう。

半世紀以上前、ハワード卿はイギリスの生産者が化学物質依存から、この種の侵入を避けるために「堆肥栽培者の国」に転換することを望んだ（注17）。アン・ビクレーとデイビッド・モントゴメリーは彼等の著作『土と内臓』［片岡夏実訳、築地書館］の中で、「野菜と動物と人の廃物を畑に戻す廃物利用キャンペーン」を提案した（注18）。ハワードにとって、農業の将来と、そして私たちが知っているような生命への危険性ほど取り組むべき優先順位が高いものはなかった。しかし堆肥の販売は政府が化学肥料会社に助成金を支給している中では難しかった。ハワードは時代の先を進みすぎていた。しかし今、技術の進歩と共にその時代がきた。ゲノム学とメタゲノミクスは科学者に農業の新しいビジョンを提供している。それは伝統的な農業への回帰である。それは土への回帰であり、そこでは、根圏微生物群の発生が農業の「最後のフロンティア」として理解され、そしてこれが「第二の緑の革命」に至る鍵である（注19）。

生きている「土」

一九六〇年代から七〇年代の都市郊外で育った私は、土についてほとんど考えたことがなかった。衣服が「汚れ」ても、家の隣の畑にいるエメラルドグリーンのバッタは、網と瓶を持った私にとってはかっこうの獲物であった。ライグラス、黒人参、トウワタはすべて彼等の根を泥の中に伸ばしていた。泥は、私のジーンズの膝を汚し、爪に入った時にゴシゴシ洗うものであった。それは私が大学院に入って「土」について学ぶまでのことであった。そこで私は土の微生物が彼等の隣人と押し合い、がつがつ食い、そして弱いものを排除する世界を発見した。これらの顕微鏡的な共同体はまた、酵素の宝庫を作り出し、それがミネラルを植物の栄養と独特の強力な毒として働く化学物質に変える。侵略者と味方が共存し潮の満ち引きのような生命とそれに関連する化学を進化させている。「泥」は無生物だが、「土」は生きている。

生産者は暗黙のうちに、はっきりとではなくとも、土が単なる泥ではないことを知っている。しかし、彼等は作物の収量を増加させるために、農薬と肥料の力に頼らないことが出来るだろうか？　ある場合には土地の同じ場所が四十年前の三倍から四倍も作物を生み出す（注20）。人類は疑いもなく農業に化学物質を取り入れることで便益を得ており、それはちょうど私たちが抗生物質から健康を得ているのと同じである。けれども、化学的に推進された緑の革命［一九六〇年代後半、作物品種、化学肥料、農薬、灌漑、機械化によって発展途上国を飢餓から救おうとした農業革命］は永久に増えつづける飢えた人口と組み合わせて、「植えて売る」サイクルを始動させた。それは多くの農業土壌をハワードが嘆いたような情けない状態にした。――そこでは栄養素は乏しく、微生物共同体は混乱していた。私たちが進んで「何百万もの微小な存在」を化学物質の乗り物の下に投げ捨てたことは、その他の侮辱と共に、国際連合が二〇一五年に「国際土壌年」で「土は地球の持続的生命の鍵である」と宣言したことで厄介なことになった（注21）。私たちがそれを泥と呼ぼうが土と呼ぼうが、このミネラル、炭素、その他の必須化学物質と微生物の混合物は地球の生命そのものである。マーガレット・ロイドたちはこれを知っているが、一般の生産者に、燻蒸より土の力を信頼させることは困難であると知っていた。

科学者に希望を与える作物の一つはコムギである。それは私たちの毎日のパンになる（地球上で数億トンが収穫される）（注22）。穀粒は多くの病原菌に侵されやすい。赤かび病で草緑色の穂が枯れて鈍い褐色になる。黒穂病では穂が黒くなる。すす病では穂がペンキを吹きかけられたような斑点になる。ある病原菌は風と共に降りて来る。その他のものは土の中にいる。最も油断ならないのはおそらく根腐れである。これは土から生ずる病気であるが、穂が枯れた場所が畑の中に斑点状に出はじめるまでほとんど気づかない。菌（ガウマノミセス・グラミニス）による立枯れ病はコムギの頂部に症状が現れる前に根を黒くする。やがて、緑の畑の中に幽霊のような病気で白くなった場所が現れる。世界的に立枯れ病は悪名高い。菌は作物の半分を、また時には全部を枯らす。費用に見合う殺菌剤はほとんどない（注23）。畑の輪作［いろいろな作物を順繰りに植える］と休閑（種を播かない）しかコムギ栽培者には選択肢がなかった。そして、それでさえ、病原菌が潜伏している時には効果がない。しかし、病気は避けられないものではない。そして、土壌病原菌には、ちょうど人の流行病のような波がある。時には、ある病原菌があまりに多くの寄主［病気にかかる生物］を殺したために、自分で自分の首を絞めて収まる。他の時には、ある寄主がより強い免疫反応を発達させて次の流行の波を防ぐ。あるいは、地域が乾燥したり、より湿潤になるというような気象の変化もある。そして時には、極めて小さい味方が寄主を助けにくる。

二十世紀の初め、コムギ生産者と科学者は不思議なことを観察した。数年間、彼等は病原体に感染した土地で立枯れ病の攻撃のもとで衰え、失敗した作物を見つめていた。それから一シーズン後、コムギは蘇った。立枯れ病は自然に減少した。この期待しなかった、病気の漸減は、単作［同じ作物をつづけて植える」でも、自然は自らを世話するということの最初の証拠であった（人間集団が疫病で全滅して寄主なしに病原菌だけが残るのとは異なり、これらの畑は何回も種が播かれて、その都度、寄主が供給されることになる）。病気の減少はドグマに対抗するものであった。つづけて生育シーズンに植えられた作物が、特別な介入なしに病原体に感染した土でいかにして繁栄しはじめたのか？（注24）その答えは土壌微生物が握っている。ひとたびは立枯れ病を宿した微生物共同体が変化したのだった。時を越えて、その土は病気を抑制し始めた。これらは病原抑止土壌である。ロイドはそれらを「完全な未来」と言う。立枯れ病が抑えられて数年間も単作をつづけていられる一方、他の病気は、助けになる細菌や、有害な細菌の力を失わせる細菌の発生を促す作物の輪作によって抑えられるであろう。この病原抑止土壌はメチルブロマイドが失われたことを嘆くカリフォルニアのイチゴ栽培者の救済となるだろう。

イチゴ農家の悩み

あなたにはマーガレット・ロイドのイチゴと微生物への情熱と、彼女の中の栽培者の声が聞こえるだろう。それは彼女のカリフォルニア州のオフィスから、マサチューセッツ州の私のオフィスまで四八〇〇キロメートルを越えてビュンビュン届いてくる。

「商業的イチゴ生産の複雑さについて考えることは」とロイドは言う。「それは私の大好きなことです」。ロイド（今ではカリフォルニア大学の小農場アドバイザーである）は大学院時代を通じて、メチルブロマイドに代わる非化学的方法を研究し、イチゴ産業と毒性の少ない解決法の両方の支持者である。しかし、ロイドはこう言う。「私たちは将来のイチゴ産業を支える、メチルブロマイドの代替品を持たなければなりません」。メチルブロマイドとクロルピクリンはバーティシリウムを吹き飛ばすだけでなく、その理由はまだ解明されていないのだが、この化学物質を組み合わせるとかえって成長が増加することがあった――それは萎凋病の防除にとっては素晴らしいことであった。カリフォルニア州の平均的作付けでは一万八〇〇〇から三万六〇〇〇キログラムのイチゴが収穫出来る（これはフロリダ州の三倍以上、大部分の州の一〇倍以上である）。そして、頼りになる代替品は、これも産業時代の遺物である化学物質であり、病気を防除しイチゴの成長を高めるものでなければならなかった。

代替品はあるが、それらも毒性の重荷を持っている。ヨウ化メチルはメチルブロマイドの同類の化合物で、その毒性が懸念されたことから使われなくなった。もう一つの代替品は温室効果ガスの可能性のために終わった。クロルピクリンは残っている数少ない燻蒸剤の一つであるが、それを単独で使った場合、メチルブロマイドほどの効果がない。しかし単純に化学物質を捨てて、すべて有機（有機栽培部門は成長しているが）にすることは必ずしも適切な選択肢とは限らない。特に、イチゴ約一リットルあたり七ドルか八ドルの安値で売り渡すことが出来ない生産者にとってはそうである。

これはコストのために、生産者が切り替えに乗り気でないカリフォルニア州では特に顕著である。土地の値段が高く、予防には費用がかかる。二〇一一年に一般的なイチゴ栽培（総合的病害虫管理［さまざまな防除手段を組み合わせて被害を最小限にとどめる管理法］を用いている）では、根から果実まで〇・四ヘクタールあたり三六・二六四ドルという開いた口が塞がらないような高額負担が推定された（注25）。この値段ではイチゴを栽培して売るより、予防費用の方が高くついてしまう。化学物質を止める生産者を見たいロイドは、カリフォルニア州で有機イチゴを立ち上げることは可能だが、大規模生産者では難しいと言う。平均して有機イチゴは収量が三〇パーセント少ない。有機生産者はイチゴ生産あるいは他の果物や野菜のいずれであっても、より注意深く育てなければならない。つまり、より衛生的に、より手間をかけて、そして被害に対して速やかに対応する必要がある。健康管理が病院内感染の発生を食い止めるのと同様に、生産者は予防のために農作業をしなければならない。イチゴのような作物では一年以上かかる栽培期間に、害虫、病気の発生があり、雑草は特に防除が難しい。

有機イチゴ生産者は、より賢く育てなければならないだけでなく、より数多く育てなければならない。害虫と病気を叩く標準的作業は輪作である。イチゴ畑には三年か四年の間､別の作物を作る必要がある。――それは全イチゴ事業がより多くの土地に投入されることを意味する。ウォルマート［アメリカ最大の小売りチェーン］のような大規模小売店は青果物の棚を有機農産物で埋め（善かれ悪しかれ、消費者の考え方に従って）、有機に向けられる栽培面積は増えつつある――そのためにより多くの生産者が栽培方法をより厳密なものにする必要がある。これらの作物は同じ畑にせいぜい二年間しかとどまることが出来ず、場合によってはわずか一年だとレッドファイア農場のライアン・ヴォイランドは言う。「私は通常、前の年にアブラナ科［キャベツ、ブロッコリーなど］を植えた場所に、イチゴを植えます。時にはスーダングラス［飼料や穀物の一種］の後に植えます」（注26）。ヴォイランドは「これらの作物は、イチゴの病気やセンチュウのレベルを低下させることが実証されています」と言う。そして、アメリカ東部の小規模イチゴ栽培者の多くは、イチゴは競争力に乏しいので、雑草が最もやっかいなことを力説するだろう。ヴォイランドのイチゴ畑は生育期にはほとんど毎週耕される――すなわち作物が出来るまで、数えきれないほどの回数、鍬を入れ、手で除草される。「私たちが育てる他の作物よりも、除草に時間がかかるのです」。これらすべてが化学物質なしの生産コストに加わる。カリフォルニア州の一般的生産者はイチゴを高価な土地に植えており、ブロッコリー——アメリカ人のお気に入りではない——のような作物と輪作するのはコスト面から現実的でない。しかし、この種の輪作、特にバーティシリウムを抑えることが出来る作物との輪作の効果は大きいとロイドは言う。

ロイドは、その他にも化学的農業の代替品があるという。それは蒸気で土をパスチュリゼーション［消毒：パスツールが最初に行った］するものである。もう一つの方法として嫌気的土壌消毒——土中の生物を窒息させる（とにかく酸素依存生物種を）——が病気の進行を遅らせる効果がある。しかし、これらの方法は土壌微生物共同体を劇的に変える。ロイドの心は微生物と共にある。「私たちは土壌微生物を管理する方向に動いています。例えば、蒸気について、科学者たちは病気の抑制がどれくらい長くつづくかを調べています」。メチルブロマイド処理でさえ、微生物はなおも土の中のどこかに残っている。「土着の微生物共同体は再び現れます」と彼女は言う。

持続的農業と土壌微生物

少数のものを殺すために土壌微生物を強打して追い出すのと、それを管理することは根本的に方法が異なる。これはダン・チェレミーのような科学者がやっていることである。フロリダ州のトマト栽培やフロリダ州とカリフォルニア州のイチゴ栽培についての彼の研究は、輪作と被覆作物がいかに植物—寄主関係を変えるかを示している。栽培方法の転換は、病気を抑える微生物に好適である傾向がある（注27）。植物病理学者で、ドリスコルイチゴ協会の、前・応用研究マネージャーであるチェレミーは、土壌微生物の福音伝道師である。そして彼は、化学的治療を好むが彼等のビジネスを維持したいと考えている懐疑論者を変えるという使命についている。――これは、より良いビジネスマンと環境的世話役の両方になることである。チェレミーは農業生産者と共に働き、彼等がより持続的な栽培方法に転換するよう導く。それは土の中の有用な微生物共同体を支えることを含む。自然の病気を抑える土は「一つの不動産です」とチェレミーは言う（注28）。

アルバート・ハワード卿のような有機栽培者で土を大事にする科学者は一九五〇～七〇年代に微生物の力の真価を認めたが、彼等が地下の生命を研究する手段は限られていた。生計を農業科学に依存している生産者に対して、土の微生物のブラックボックスを受け入れることは、化学物質の明白な殺菌効果と比べてはるかに難しかった。「今や」とチェレミーは言う。「最近のメタゲノミクスの進歩が明らかにした土壌微生物の生態に新たな関心があります。それは極めて素晴らしい……。メタゲノミクス以前は、土壌微生物について研究することは、フェンスの網を通して球技を見るようなものでした。何が起きているかを見ることは出来ても、フィールドの上にいるわけではありません。メタゲノミクスは私たちをフィールドの上に置きます。ブラックボックスの不透明さは減少します」

もしチェレミーとロイドのような科学者が成功すれば、土壌微生物は、再び持続的農業システムの鍵となるであろう。そして、バーティシリウム・ダヒリアエのような病原菌を管理する必要のある生産者は次の最良の燻蒸剤を探すことなく、彼等の土の微生物群をいかに元気づけたら良いかを尋ねるであろう。それは「バック・トゥ・ザ・フューチャー」［マイケル・J・フォックス主演のアメリカ映画］の一つの例であり、今や科学者たちは、ハワードが出来なかった分子の細部の武装を可能にしている。一般生産者は、すべてではなくとも、彼等の微生物を耕しはじめるだろう。そして、最も複雑な問題として、それはすべての農場に適合する唯一の解決法とはならないであろう。ロイドがブロッコリーとその他の作物の輪作を主張している一方、韓国では十五年間、イチゴの単作で病害を抑えることに成功しているが、これは病原抑止土壌によって作り出された抗菌微生物のおかげであることが最近報告された（注29）。「病原抑止土壌」と著者が書いたものは、どこでも、何にでも、生じるものではないが、それらは「圃場外《ほじょう》からの投入を最小にすることによって、防除の効果が持続するような手段を提供する（注30）」。

全世界で約一五〇種の異なる植物種が食べられており、そのうちの一二種が主に私たちの腹を満たすために矢面に立っている。二〇〇七年にアメリカの生産者は四・五億キログラム以上の農薬を使い（注31）、全世界では、二二・五億キログラムが使われた（注32）。それらは私たちが好きな果物や野菜に残留するだけでなく、生産者と環境にかなりの負担を強いるものであった。これらの有毒化学物質の多くに対して、害虫、病原菌、そして雑草がその毒性に抵抗力を持つようになり、生産者が化学物質の量を増やすか、より新しいもっと強力な農薬を探しだしても、有効性を失いつつある。アメリカ全体では二〇〇〇万トン以上の肥料が使われる。全世界では、二〇一八年の肥料の使用量は二億二〇〇〇万トンにのぼると推定される（注33）。同時に、消費者の農薬残留への関心は高まり、ウォルマートやターゲット［アメリカの小売店チェーン］は、有機栽培生産物を仕入れるようになっている。

二十世紀の化学は土を単なる泥に変えたが、遺伝子シークエンシングとメタゲノミクスのような二十一世紀の技術は、伝統的な栽培方法と組み合わされて、私たちが再び土に戻れるようにしてくれる。土壌微生物と病原抑止土壌の知識が豊富になっても、良い土を作るには時間と金と献身的な科学者が必要であろう。それでも、病原抑止土壌はすべての作物のすべての害虫や病気の解決にはならないであろう。

食物を育てることは複雑で、しばしばリスクに見舞われ、絶え間ない病害虫の攻撃にさらされる。産業的な生産者が、地下の生命を彼等が地上の生命を栽培するのと同じように受け入れるかどうかは、なおも明らかでない。まして有益な微生物は万能薬ではない。私たちは私たち自身の体の中の微生物群を心から励ますだろうが、私たちが感染と闘うために抗生物質から転換するまでには時間がかかる。そして、畑では私たちは化学的か生物学的かによらず、なおも農薬を必要とするだろう。しかし、もしこれらの治療と化学物質が「より賢いもの」だとしたらどうだろう？　ある農薬が萎凋病や黒腐病やアブラムシを対象としたらどうだろう？　あるいは、防除の助けになる味方を集めるならどうだろう？　ブドウ球菌とレンサ球菌のための治療が、その餌をゼロにする捕食者のように働いたらどうだろう？　これらの解決法は存在する。ある人にはサイエンスフィクションの未来の治療のように見えるかもしれないが、他の人は、植物が害虫を化学的策略によって退けると考えるだろう。いかなる道でも、微生物を育てることは正しい一つの基本的な方向である。次の章で敵の敵を養うことを考えたい。

第Ⅱ部

敵の敵は友

第3章　感染者に感染するもの

新しい薬、バクテリオファージ

　ある幼児が突然、病気で死にそうになる。救急病棟で診察を受け、稀だが特別に攻撃的なサルモネラ菌［消化器病を起こす］が原因だと診断される。さまざまな抗生物質は相次いで病気の鎮静に失敗した。なぜならば、菌の系統は彼女の家族がアジアを旅行した時に罹ったもので、多くの種類の抗生物質に抵抗したからである。しかし、代わりになる一つの新しい薬がある。この薬は、誘導ミサイルのようにサルモネラ菌の特定の系統を標的にする。それだけでなく、サルモネラ菌が残っている限り、この薬の粒子は再生し、感染が静まるまでその数を増加させる。一方、幼児の腸の微生物群は大虐殺にもかかわらず傷つけられずに残っていた——プロバイオティクスの必要やクロ・ディフのような厄介な問題の恐れなしに。もしサルモネラ菌が抵抗性を増したとしても、その薬は次々と反応し、大昔からの進化のダンスを踊る。次の朝、彼女の頬に赤みが戻り、夕方には彼女は治った。

　このようなシナリオはアメリカではまだフィクションであるけれども、東ヨーロッパの医療機関で一世紀近くの間、演じられてきた。この「新しい」薬はバクテリオファージ［細菌を食うウイルス］と呼ばれ、細菌を攻撃するウイルスの混合物である(これは単に「ファージ療法」として知られる)。それは、生命の歴史と同じぐらい古い治療方法である——少なくとも細菌と同じぐらい古い。微生物学者は地球上の大洋から人体の微生物群の細菌までのすべての系統に、少なくとも一つのバクテリオファージがあると示唆してきた。特定の病原菌に効果があると同時に、人体の微生物群全体への攻撃はしない抗菌剤の開発は難しいと考えられてきた。しかし、バクテリオファージは抗菌効果がある。アメリカと西ヨーロッパの医学では一度は見くびられてきたが、細菌に感染するウイルスはアカデミックなバイオテクノロジーの実験室に立ち戻りつつある。もしすべてがうまくいくなら、それは、あなたの近くの薬局に並ぶかもしれない(注1)。

私たちがウイルスの利益を認識したのは、細菌よりももっと後であった。遺伝物質の小片がタンパク質に包まれているウイルスは、あまりにも小さいので、細菌を漉し分けるように作られたセラミック・フィルターを通り抜けてしまっていた。そして、十九世紀に医療科学者が病原性の細菌を次々と識別し始めた時、ウイルスは発見されないまま残り、実験室の溶液の中の普通の分子あるいは粒子のいかなるものからも区別出来なかった——これらの「粒子」は複製され、表面上生きた組織の上で栄えるということ以外には。霊魂のように、それらは眼に見えず、得体が知れず、そして命にかかわるものであった。微生物学の黄金時代を通じて医学的、技術的な進歩にもかかわらず、ウイルスは破壊の原因でありつづけた。最も悪名高い大発生の一つは、一九一八年のインフルエンザの世界的大流行である。それは数千万の男、女、そして子どもを殺し——おそらく最終的な死者の数は一億人を超えた。

これらの感染する粒子が正確に何なのか——動物、植物、鉱物、あるいはそれ以外かは数十年間謎として残っていた。「ウイルスが繁殖する能力を持ち、突然変異することが見出された時、彼等が極めて小さい生きた有機体であるとみなす根拠があった」とウェンデル・スタンリーは書いた。彼は一九三五年にそれらの性質を明らかにした業績によって、ノーベル賞を受賞した（注2）。けれども、スタンリーですら最初はウイルスが単なるタンパク質の小片ではなくて、その中心に、ある遺伝的物質を含むものであることを、最初はいやいやながら認めたのだった（注3）。

ウイルスが私たちの生命に関連があるのは、その遺伝的物質の小片のためである。八十年後の現在、私たちは地球がウイルスで一杯であることを知っている。あるものは私たちの鼻をムズムズさせたり、くしゃみをしたりする原因であり、あるものは私たちを数時間で殺す。私たちは彼等が寄生者であることを知っている。彼等は一個の細胞に侵入するだけでなく、その細胞を彼等自身のクローンの作成マシンにする。ある時には、感染した細胞をぼろぼろにし、数百の新しいウイルスを作り、ある時には彼等自身のゲノムを寄主自身のゲノムの中に埋め込む。これらの小片の大部分は害がなく、助けになるものもある。そして、害を及ぼすのは、ごく少数だ。大洋の水一さじの中に一〇億個のウイルスがいることを私たちは今知っている。そして一兆個が私たちの体の中に棲んでいる（注4）。そして、私たちの存在を通して、ウイルスは生命の中と外にいて、——彼等の特徴をすべてではないにしても、ほとんどの生きものの中に残すということを私たちは知っている。ある計算によれば、私たちの持つ遺伝的物質の八パーセントもがウイルスからやってきている（注5）。

私たちはウイルスに関連して恐れたり傷ついたりするのだが、その多くの（大部分ではないにしても）

ものはファージで、私たちの微生物群の中の細菌に感染する。ゲノム学は、ウイルスの多様性と自然および人体中の実体を、明らかにし始めたところである（注6）。しかし、ファージが抗菌性を持つのは神秘的な話ではない。細菌に感染するものとして、彼等は地球の動植物相の中にゆきわたった要素である。彼等が人間の病原体を目標にする時には生命を救うことが出来る。ある日、ファージは、私たちあるいは私たちの愛する者を救った。——それは半世紀以上前、ファージ処理がゲーリー・スクールニックの母を救った時である。スクールニックはスタンフォード大学の医学部名誉教授で、感染病の専門家であったが、彼の母親は一九四八年に腸チフスで死にかかっていた。その時、特定のサルモネラ菌に対して効果的な抗菌剤はなかった。彼の父はシアトルの外科医であったが、ロサンゼルスの医師が腸チフスを治すためにバクテリオファージを使ったという報告を読んでいた。治療に絶望していたスクールニックの父はその医師に連絡し、そのファージを手に入れ、彼の妻に注射した。二日以内に、彼女の熱は下がった（注7）。

これは抗生物質が現代医療の夢の治療薬になりつつある時であった。しかし、腸チフスには、抗生物質が効かなかった。これに対して、ある効果的な抗生物質が発見された時、ファージへの熱狂は急速に衰えた。ファージ療法は、効果についての賛否両論の報告があることと、信頼出来る臨床研究が乏しいこと、そしてファージを製造する企業の杜撰《ずさん》な品質管理の結果、ウイルスによる治療についてアンナ・クチメントは『The Forgotten Cure（忘れられた治療）』という適切な表題の本の中で、次のように書いている。「これは西欧ではすべて忘れられてきた。しかし、今、西欧の科学者と医師はこの治療法をアメリカの薬局方［医薬品の識別と使用のための指針］に戻そうと試みている。そうするにはアメリカ食品医薬品局（FDA）の下での承認過程を切り抜けなければならない。しかし、承認を受けるためには厳しい審査と高額な費用がかかる。この過程は比較的厳密であり、それゆえ、もしファージが効果と安全性について成功裏に通過したとしても、なお障害は残るであろう」

FDAによる薬品試験の試練は、化学的濃度にもとづいた薬量に対して、吸収、分布、排泄、特定の分子構造の安全性を考慮にいれたものである。それゆえ、FDAの承認は、はっきりした薬量とわかっている化学構造にもとづいて行われる。しかし、ファージの場合にはそれがあいまいである。その人の感染状況に従って、他の成分と組み合わされた混合物として用いられ——そしてファージは患者の体の中で増殖する。このことが、ファージがアメリカでは、まだ人の病気を処置する選択肢にならない理由である。スクールニック夫人のような昔の物語の代わりに、ローラ・ロバーツのような絶望的な患者の、より最近の話が話題になる。この話は、本や雑誌、CNNで紹介された。彼女はテキサス州に住む母親で、慢性かつほとんど致死的なメチシリン［ペニシリン抵抗性のブドウ球菌に効果のある抗生物質］抵抗性のスタフィロコッカス・アウレウス（MRSA）［黄色ブドウ球菌］に感染した。ロバーツは、身辺整理をしてジョージア［グルジア国］のトビリシのファージ治療センターに旅立った。ここは世界的に知られたファージ療法の開発センターである（注8）。彼女が話すには、彼女は歩行器を使って、兄弟に助けられながら旅をした。彼女の体は弱り、発病していた。彼女のMRSAの系統に特異的に効くファージを含む三週間の処置のあと、歩行器なしに帰宅した（注9）。ロバーツが受けた処置はいくつかが組み合わされていたので、ファージ混合物のすべてを信用することは難しいが、治療の重要な部分を成したようである（注10）。

迷走するファージ治療

シゲラ症——細菌赤痢のひどい型——はファージ療法が目標にした最初の病気であった。二十世紀に入って少し経った頃、フレンチカナダのフェリックス・デレルとイギリス人のフレデリック・トゥオートは（互いに別々に）細菌が魔法のように消える現象を発見した。デレルはこの奇妙な現象について研究しつづけ、その後、赤痢に対する不思議な治療を追求した。デレルは、この治療法でファージを摂取することが安全であると立証したあと（彼は他の希望者に長い間この治療を行った）、十二歳でひどい赤痢に罹っている彼の最初の患者を、感染した軍人の便から集めたファージで治療した。その結果は奇跡的であった。熱と特徴的な血便は二十四時間以内に和らいだ（注11）。彼は症状が深刻な三人の若い患者に処置を繰り返し、同様に成功した。十年以内に、経口、注射、局所薬品にパッケージされたファージ治療は、ブドウ球菌、レンサ球菌、コレラ菌にさまざまな程度で成功した。ファージカクテルあるいは混合物は、ファージの特異性と正確な診断を欠くにもかかわらず（あるいはそれゆえに）、その処置には効果があった。アメリカとヨーロッパの製薬会社——アメリカではアボットラボラトリーズ社、スクイブ社、イーライリリー社は、提携してさまざまなファージ治療を開発した。デレルの仕事はノーベル医学賞に何回もノミネートされている（注12）。しかしそこに抗生物質が現れた。そして冷戦。そこでは製薬会社の営業努力の不足が注目されなければならない。アメリカの製品はしばしば効力がないことがわかった。最後に人びととの信頼の厚い米国医学会雑誌での酷評が、西欧の医学におけるファージ治療の扉を閉ざした（注13）。

その間、東ヨーロッパの国々では引き続きこの治療法を洗練させていた。研究者たちは、細菌が殺菌ファージの圧力の下で、抵抗性を進化させるが、ウイルスはそれよりももっと速く進化することを突き止めた。新しい抵抗性を持つ細菌の系統が現れると、ファージカクテルは自身を更新することが出来た。今日、世界のいくつかの場所では、ファージ治療が行われている。ワシントン州オリンピアのエバーグリーン州立大学教授エリザベス・クッターは彼女の生涯をバクテリオファージの研究に捧げている。二〇一〇年の生物学的療法国際会議でファージ療法について話しながら、クッターは聴衆に、「イエス、それは真実です」と保証した。クッターが言うには、この療法は標的を定め、自ら増殖し、感染部位に抗生物質よりも深く浸透し、進化することが出来、「感染する治療」として定着し、一つの感染した動物から他のものに広がる（注14）。一九七〇年代から八〇年代にかけて、基礎的なバクテリオファージの研究を行った後、クッターは最初のファージ処置を一九九〇年のソビエト連邦で導入した。クッターは、最初は疑っていたと回想する。「私は、もし誰もどこでも使っていなかったら、そして、もし私が何も聞いていなかったら、それが真実でありえようか?と思いました」。それ以来、クッターはファージ療法の支持者となり、彼女の実験室をファージ治療に捧げ、関連の会議を主催し、研究組織と協力した。今日、もっと強力で低コストのＤＮＡシークエンシングを使えば、感染をより正確に診断し、関連するファージをより容易に識別出来るであろう。ファージ「銀行」は感染の個人別のカクテルでの対応を可能にする（注15）。

しかし、アメリカでの承認された治療法はないままに、ローラ・ロバーツの物語のもう一つの変種が演じられていた。そこでは治療のためにトビリシのファージ治療センターのような場所に患者が大旅行する。二〇一五年に、治療が行き詰まったシカゴ在住の四十三歳のスザンナは、思い切ってロバーツのように大西洋を渡って旅をした。五年間、彼女はずっと副鼻腔《ふくびくう》と気管支の感染に罹ってきた。それはさまざまな抗生物質でも軽減されなかった。手術も助けにならなかった。「私は完治するという希望を与えられました」と彼女は手術について言う。しかし手術のあと、症状はつづくだけでなく、悪くなっていった（注16）。二年後、彼女はMRSAと診断された。しかし医師は、効果的な治療法について説明することはなかった。多くの薬や食物へのアレルギーも発症したスザンナは言う。「夫はクリス・スミス（国際ファージ療法の創設者）とトビリシのファージ治療センターを見つけました。私は懐疑的でしたが、なんでも試して、MRSAを克服しようと思いました」

治療を試すことによって失うものはないスザンナは、十日間、ホテルの部屋と、道路を横切ったファージ治療センターの間を往復した。そこで彼女はファージ治療と彼女の免疫反応を増加させる免疫療法を組み合わせた治療を受けた。それは、MRSAの処置と抗生物質を数年にわたって服用したために発症した、カンジダ症［性器などのかゆみと白い排出物］を根絶するためのものである（カンジダ酵母感染はクロ・ディフのように有害な日和見的微生物のグループで、抗菌処理に反応して発生する）。彼女はまたクレブシエラ［呼吸器、尿路などに感染する菌］についても処置された。これはアメリカで主治医からこっそり渡されたもう一つの微生物であった。毎日、彼女は治療センターで二時間を過ごし、それからホテルで休んだ。彼女は言う。「液体を飲み、ファージを吸い込むか噴霧されました」。数日以内に彼女は快方に向かい、九日目にして、副鼻腔といかなる腸の問題もなくなった。「アメリカに帰ると、医師は私の外見に驚きました」と彼女は言う。「私たちは三ヶ月後に診察を受けてMRSAとクレブシエラが存在しないことを確かめました……。私の全生活は良くなる方に廻り始めたのです」

扉は開くか

ローラとスザンナのような物語は西欧医学の医師でも、あるいは薬品開発者や薬剤承認にたずさわる者ですら無視することは難しい。二〇一三年、欧州委員会は一般的な疫病感染に対してファージを試験する研究に基金を出した（注17）。結果は二〇一七年に出ると期待されている（注18）。二〇一六年にファージ治療のビジネス展開を狙う会社で、カリフォルニア州サンディエゴにあるアンプリファイ・バイオサイエンス社は、医学的試験の初期段階にある二つのファージ製品があると報告した。また、二〇一五年六月にアメリカ国立衛生研究所の上級科学研究官であるランドール・キンケイドは合衆国、フランス、ジョージア（グルジア）、中国とその他の国からバクテリオファージ科学者、起業家、薬剤承認審査員を集めた国際会議を組織した（注19）。それ以来、アメリカ国防総省が遺伝子組み換えされた細菌による生物兵器を阻止する計画について、キンケイドは次のように述べている。「自然には細菌より一〇倍から五〇倍も多いファージがいます。彼等は極めてよく働いています。もし（遺伝子組み換えされた）炭疽菌についての懸念があるのなら、それを攻撃出来るファージの収集が必要です」。そこで、ここアメリカと他の西欧の国々で何が停滞しているのか？　それは研究という一つの言葉である。

「この会議の結論は」とキンケイドは言う。「おおむね、多くの処置の効果についての証明は乏しかったのです」――少なくとも西欧では。アメリカでは、薬剤試験が、ひとたび人体による臨床試験に進むと、盲検試験、すなわち、被験者が試験薬を飲んだか承認済みの薬を飲んだかを医師がわからないようにして行う試験［これによって医師に先入観が入らないようにする］が必要である。キンケイドは以前ソビエト連邦だったグルジアとポーランドでは、このような試験は行われなかったと説明する。「彼等が信用出来ないというのではありません」と彼は言う。「しかし、処置を評価するために、西欧と同じ基準を彼等は適用しないのです。……そこで、それらが広く使えるということには懐疑論があるのです」。それがファージを薬に転換する一つの鍵である。それは、ある感染への処置が効果的だという事例を積み重ねることである。しかし、そのような懐疑論は十分な注目、すなわち、より多くの基金、試験、ファージ治療の開発への関心によって抑えられるだろう。そして抗生物質抵抗性細菌への関心の高まりが、東欧からあなたの近所の病院にファージをもたらすこととなるだろう。

トビリシのファージ治療センターの医師たちはローラ・ロバーツとスザンナの感染を、彼女らの状態にあわせた混合物で処置することが出来たが、このような個人別の混合物による処置はまだFDAの枠組みには適合しない。「これは純粋に医学的見地から行われたものです」とキンケイドは言う。「しかし、万国共通の医薬製品と、その規制の見地からみると、これは極めて異なる道です」。これは、FDAが承認しなければならない最初の奇妙なアヒル［変わり者］となるだろう。インフルエンザウイルスは進化することで悪名高いので、毎年、私たちには新しいインフルエンザワクチンが提供される。その活性成分はウイルス（不活性化されたか、生きているか、あるいは分解されたもの）である。蔓延が予想されるインフルエンザの系統に従って、新しい組み合わせが用意される。数十年間、FDAはワクチン製造者と共に安全性と効果を保証するように働いてきた。いかにして、このモデルをファージのような製品に適用させられるかは誰にもわからない。しかしインフルエンザのワクチンのようにファージ治療は時を経て細菌の抵抗性に「適応」するために、いくらか修正が必要となるだろう。アメリカではファージ治療製品は試験と臨床的試行の段階へと進んでいるので、開発者は間もなくFDAの扉を叩く（試験とは別に、知的財産権といった別の問題もある。自然は特許にならないのだが、ファージに特許を適用することは、アメリカでは検討が重ねられつつある一方、これらの治療がアメリカの特許事務所によっていかに取り扱われるかは不明である。もし、製薬会社がブランドネームのあるファージを製造する独占権を持てないなら、研究への投資を思いとどまるであろう。おそらく、この場合、必要性が利益にうち勝つであろう）。

ある薬が効くとしても、それはまた相対的に安全でなければならない。誰も、もう一つのサリドマイドを望まない――サリドマイドは睡眠剤で一九六〇年代に新生児の手足の畸形の流行をもたらした。ファージはしかし、合成薬品ではなく、人の病原体でもない。私たちの体はすでにファージで満ちている。多くは私たちの腸、口、皮膚の表面で長年、細菌との闘いに従事し、優勢で有益な種をチェックし、微生物の多様性を確実にする助けとなっている（注20）。もし、私たちが生きたウイルスに意図的にさらされることを恐れるならば、私たちがこれまで肉製品やチーズの中のウイルスを摂取し、ウイルスに自然に遭遇してきたことを思い起こすのが良いであろう。食物に由来して感染するリステリア菌［頭痛、悪寒、嘔吐などを起こすことがある］とサルモネラ菌［食中毒を起こすことがある］に対するファージはUSDA［アメリカ農務省］と世界中の他の規制機関によって、長年「一般的に安全（GRAS）［FDAの安全合格証］と認識され」てきた。そして、もちろん、それらは一〇〇パーセント有機物である（注

21）。実際、キンケイドは言う。「私にとって言うべきことは、世界の他の国ではファージは別の問題の解決能力を持ち、おそらく、実際の病気の処置よりも、いくつかの点で人の健康にとってより重要な方法となるでしょう」

ファージ治療への規制が解かれなくても、なおも西欧の医師はその処置をやりたがるだろう。おそらく、ファージ製品を遠くから注文し、彼等自身のリスクをもってそれらを使う。そして、必要な患者は、監視が必要な状態の下での処置か、彼等の生命を救う処置が欠如しているために起こる被害をこうむる（注22）。私たちは自身の微生物群を喜んで受け入れて、いかに複雑に細菌、菌類、ウイルス、その他の微生物が相互作用しているかをますます理解しようとする。この微生物群を無差別に破壊することなく、いかにして有害な系統あるいは種だけを防除出来るであろうか？　バクテリオファージは一つの道である。しかし、他の道もある。「自然は」とキンケイドは言う。「私たちにそれを提供しています。私たちはこれを試し、それに投資することが出来ます」

バクテリオシンの長い歴史

自然の賜物《たまもの》から生まれたもう一つの処置は、バクテリオシンと呼ばれる極めて特異的な殺菌タンパク質である。マサチューセッツ大学の微生物生態学者であるマーガレット・（ペグ）・ライリーは、彼女の三十年の研究生活の大部分をバクテリオシンの研究に費やしてきた。彼女の仕事は生態学と進化に焦点を合わせたものだった。しかし、今、エリザベス・クッターのように、ライリーは医学の仕事をしている。彼女の目標は生態学を病気の処置に融合させ、バクテリオシンを薬にすることである。「私たちは微生物世界の生物学について極めて無知です」と彼女は言う。しかしメタゲノミクスと微生物群の研究のような新しい研究法によって、「私たちは驚きに満ちた世界にかすかな光を得つつあります」。そして、そこには治療の手段が満ちている可能性がある（注23）。これらの小さいタンパク質は多くの微生物によって生産され、密接に関連する微生物に対して活性があり、感染性の細菌の破壊を目指すことが約束されている。バクテリオシンは兄弟同士の戦争における武器のようなものである。大腸菌の一つの系統が大腸菌の他の系統を攻撃する。サルモネラ菌がサルモネラ菌を攻撃する。ファージと同じように彼等の力は彼等の特異性に依存する。バクテリオシンは微生物群の存続のためになり、抵抗性細菌の進化を遅らせる。

「私の初期の研究は治療学のためには、なすことがありませんでした」とライリーは説明する。彼女は子どもがアイデアを突然思いついたように、オフィスにあるホワイトボードに、いかにバクテリオシンが細菌を殺すかの図解を始める。彼女が言うには、バクテリオシンがなすことはあまりに特異的で強烈であり、それは単なるタンパク質ではなく、例えばある細胞は、そのタンパク質を受け取ったと認識するとすぐ死んでしまう。それは未来の錠前のようで、鍵を磁石のように引きつけ、そしてその扉が開くと――すなわち、バクテリオシンが細胞の表面の受容タンパク質と相互作用しはじめると、構造的な変化をもたらし始める。図解を指してライリーは言う。「ちょうどここを少し殺して入り、小穴を形成し、すべての中身が流れ出ます」。ゲームは終わる。「これらは素敵なタンパク質です」と彼女は興奮し、以前のバクテリオシンとの出会いを回想する。彼女の眼は輝く。「ワォ、微生物が常に戦争しているように見える。これは素晴らしいと考えました」。その後、一人の同僚がこれらの細菌の武器を、抗生物質抵抗性の対策として治療学に応用出来るのではないかと示唆した。しかし、研究はゆっくりと進んだ。特異性のあることが便益であるにもかかわらず、薬としての市場はＭＲＳＡあるいは結核のみで極めて狭かった。他にも問題があった。タンパク質は人の体の中で代謝されすぐに使い物にならなくなった。それらは貯蔵寿命が相対的に短く、多くの場合、注射による使用が必要であった。しかし、極めて現実的な抗生物質抵抗性細菌の脅威があるので、私たちの微生物群を無傷で維持することに重点が置かれ、技術革新が求められ、働く環境が変わった。

研究を始めて間もない頃、ライリーと共同研究者はバクテリオシンがいかに細菌の標的と相互作用するか、そして彼等が種内の（「種の中の」）多様性を増進するかを解明した。攻撃する時基本的に一回だけクローンを作るファージとは異なり、バクテリオシンを生産する微生物は究極の犠牲を払う。「もし、ある細菌が、あるバクテリオシンを持っているなら、それを生産する時にその細菌は死にます。それは細菌が持っている極めて致死的な武器です。細菌は溶解分解し（壊れてバラバラになり）、バクテリオシンを放出します。私はこれが細菌の利他主義の形だと思います」。これと近縁の系統の細胞は生存する（細菌は主にクローニングによって繁殖する）。なぜならば、彼等は免疫のための遺伝子を持つからである。抵抗性を進化させた極めてわずかなものを除いて、いかなる他の系統の細胞も死ぬ。しかし、死のタンパク質を生産し、抵抗性になるためにはコストがかかる。その結果は「じゃんけん」のようになる。バクテリオシンを生産する系統は感受性［そのバクテリオシンで死ぬ性質を持つ］の系統を殺す。感受性の系統は抵抗性［そのバクテリオシンでは死なない］の系統を打ち負かす。そして抵抗性の系統はバクテリオシン生産者を打ち負かす（注24）。その後、細菌個体群は感受性の系統に戻る。それは一つの強い系統の発生よりも多様性を確実にするので、バランスが不安定になる。この複雑なダイナミクスは、根圏微生物群から私たちの腸に至る細菌共同体の存在する所ではどこでも働いている。そこでは、大腸菌、サルモネラ菌、そしてその他の菌がおそらく一つの細胞から他の細胞にバクテリオシンを送っている。ファージと同様に、私たちはバクテリオシンにさらされた極めて長い歴史を持っている。

ライリーはバクテリオシンをほめそやす唯一の人ではない。特にバクテリオシンの一つであるナイシンは数十年にわたって私たちの食物に加えられてきた。ラクトコッカス・ラクティス菌の数系統によって生産されるナイシンは、漬け物やヨーグルトのような発酵食品に普通に棲んでいる。多くの他のバクテリオシンとは異なり、それは広く活性がある。その特性はＦＤＡにより「ＧＲＡＳ」に指定されていることと組み合わされて、小さいタンパク質を現代の食物保存のロック・スターに変えてきた（注25）。そして、それよりはるか以前、数千年前から、私たちの祖先は知らず知らずのうちにラクトコッカスとその他の発酵細菌と結託してきた。キャベツやキュウリ、乳製品の中のラクトバチルス［乳酸桿菌］はナイシンを大量生産し、それはクロストリジウム・ボツリヌスやリステリア・モノサイトゲネス（どちらも致命的な感染を引き起こし、食品の回収廃棄の原因となる）のような有害な菌を殺す（注26）。それは効果的で比較的無害な小さいタンパク質であり、メイン州ポートランドのイミュセル社のような会社を引きつけている。ライリーは今あるバクテリオシンにもとづく薬品開発に協力しており、これによってＦＤＡに承認されるべき最初のバクテリオシンにもとづく獣医学用薬品が出来る希望がある。彼等の目標は乳牛によく見られる乳腺炎の治療である（注27）。ライリーは獣医学のためのバクテリオシンの使用は、これに似た人の医薬品の開発につながることを期待している。

牛乳、尿路感染、MRSA

アメリカでは、毎年七六〇億リットルもの牛乳が生産されている。しかし、私たちの牛乳、チーズそしてアイスクリームは抗生物質漬けにされている。それは、一部は乳腺炎——痛みのある乳房感染のためであり、レンサ球菌、ブドウ球菌、大腸菌群を含む細菌の群れのせいである。それによって生産者に数十億ドルのコストがかかる。最悪の場合、酪農家は感染した牛を選んで殺す。ましなケースでも、牛が低レベルの感染をこうむった場合には、乳の生産量と質が低下する。アメリカ中部のある地域では牛乳がタンク一杯捨てられた。感染した牛たちは(感染が疑われるがまだ診断されていない場合を含む)、FDAが承認した一握りの抗生物質で処置される。抗生物質の多くはベータラクタム系と呼ばれるグループに属している。これはペニシリン、アモキシリン(牛の乳腺炎に対する使用が承認されている)とケフレックスであり、すべてが私たち人間の薬局方にあり、同じ系統の薬である。それは、農場でこれらの使用を減らすことがより重要であることを意味する(注28)。消費者を直接の曝露(処置はしばしば乳房内——正しくは乳腺の中に行われる)から守るために、処置された牛の牛乳は、抗生物質が許容レベル以下にならないものは廃棄される。これがコストに加わる。衛生状態の改善とワクチンは助けになる。しかし、予防が十分でない時に、イミュセル社は代替品としてナイシンに賭けている。ベータラクタム系のような問題のある抗生物質は別として、ナイシンはGRASに選定されており、極めて低い濃度で効果があり、それによって酪農家が牛乳を廃棄する必要もなくなる。

現在、ライリーは大学院生になったばかりのサンドラ・ロイと共に、人の尿路感染症(UTIs)を標的にしたナイシン以外のバクテリオシンを研究している。毎年、数億の新しい尿路感染が発生し、患者の大部分は女性で、それらは悪名高い抗生物質抵抗性がある（注29）。カテーテル導入に伴う尿路感染は、最も普通の健康管理に伴う感染である。アメリカ疾病予防管理センター（CDC）によれば、病院患者の一五〜二五パーセントは入院中にカテーテル導入を受ける（注30）。カテーテルが尿路の中を通るとき、通常は患者の腸に関連した微生物が付着する。――それは私たちの解剖学的構造の不幸な結果である。大部分の健康な人びとは悩まされないが、免疫力が低下していたり、長い期間カテーテルを使用すると、感染するようになる。もし、侵入した細菌がバイオフィルム（カテーテルのような道具の上に出来る、簡単には突き破れない生物膜）を形成すると、それらに抗菌物質が到達することが特に困難になる。ライリーとロイはそのような感染が起こるチャンスを減らそうとしている。尿路感染のよくある原因は大腸菌である。それはまた、最もよく研究され、そして最も古くから知られたバクテリオシンの一つであるコリシンを生産することがある。

ナイシンとは異なり、コリシンは極めて特異的で、ある系統の大腸菌群に対して活性がある。どちらもバイオフィルムを透過する。しかしファージ治療のように、バクテリオシンにもとづく薬の大規模な試験と、その結果の承認に費用がかかる。そこで、ライリーとロイは異なる方針をとっている。「私たちはカテーテルによる尿路感染を除去する、一つの潤滑剤を作ることが出来ました。これが、私たちが次に取り組んだものです」。カテーテルと共に用いる潤滑剤のような新しい医学的「用具」の承認を得る方がはるかに容易である。尿路感染はあまり魅力的な目標ではないが、ライリーと共同研究者はより大きい計画を持っている。もしバクテリオシン――コリシンのような大腸菌に特異的なものでさえMRSAあるいは結核のような、より手に負えない感染に立ち向かうことが出来るとしたら、どうなるだろうか？

ライリーが言うには、一年ほど前に、シャオ・チン・チウという中国の研究者から、発表前の論文の校閲をお願いしたいという連絡がきた。チウは、それまで十五年間、コリシンについて研究しており、それを医学的に有用な抗微生物剤にしようと試みていた。「彼はＭＲＳＡに興味を持ち、細菌のフェロモン［生物の体外に分泌放出され他の個体の行動に影響する化学物質］の発見に関する研究に注目しました。ブドウ球菌はフェロモンについて多くの研究が行われてきた属の一つです」。細菌のフェロモンは、個体群密度が高くなった時に細胞から生産されるタンパク質である。細胞間交信の一つの形として、フェロモンは個体群が反応するように誘導することが出来る。それらは細胞がバイオフィルムを形成するか、あるいは立ち去るか、あるいは他の化学物質を生産するかの鍵となる。バクテリオシンのようにそれらは種特異的である。チウのアイデアは、極めて特異的な殺菌者であるコリシンをＭＲＳＡのような病原細菌のフェロモンと融合させることであった。「驚くなかれ」とライリーはそれをあたかも目撃したかのように大声で言った。「それは効いたのです！」。動物試験で、新しいフェロモニシン［フェロモンとコリシンの融合物］はＭＲＳＡを殺しただけでなく、試験管内で混ぜた他の種類の細菌には害が出なかった（注31）。しかしながら、乳腺炎に対して使われたナイシンとは異なりフェロモニシンはすべて自然由来ではなく、バクテリオシンがフェロモンに結合するように、若干の遺伝子組み換えが必要である。強力で対象がはっきりした薬という重大な意味があったにもかかわらず、チウの論文は、アメリカではかろうじてさざ波を作った程度であった。「おそらく彼が中国の科学者だったからでしょう。不幸なことに、中国の科学者にはとても大きな問題があります」とライリーは言う。それはおそらく、チウが他の中国の科学者によって詐欺ではないかと訴えられたからである（注32）。しかし、最後に、科学雑誌『サイエンス』の中で報告されたように、チウは身の潔白が証明された（注33）。十年後、彼は研究をつづけ、論文の校閲者だけではなく、共同研究者となったライリーと手を組み、その薬を彼女の実験室で試験している。「私は、その仕事は際立ったものであったと思います。彼が発表したのは真実のデータであることを確信しています」。ライリーはすべてがほとんど出来すぎていると説明する。「私たちはある薬が市場に出るまで、その薬の完成が夢物語にすぎないと思うようにしています」。チウと共に働くことは、ライリーを彼女の目標「デザイナードラッグ」の開発に近づけてきた。それは、高度に特異的で、安全な、私たちの抗生物質抵抗性の大失敗から学んだ教訓によるものである。

頼りになる仲間

ほとんど一世紀の間、私たちは細菌の感染を抗生物質で管理してきた。ペニシリン、ストレプトマイシン、そしてバンコマイシンは、肺炎からブドウ球菌、そして結核まで、ありふれた感染症の治療に使われてきた。今、これらの病原体の抵抗性系統に対して多くの抗生物質が効かない。毎年、二〇〇万人のアメリカ人が抵抗性の細菌に感染している。その結果、アメリカ疾病予防管理センターの年間統計によれば、数万人が亡くなる。新しい抗生物質の発見は稀なので、分子微生物学者のキム・ルイスが、抗生物質を生産する細菌を探し出す新しい方法を報告した時、そのニュースはまたたく間に広まった。しかし、私たちが首尾よく抗生物質発見の新時代に入っても、クラスター爆弾［大きい爆弾の中に多数の小爆弾が入っていて、どれかが目標にあたる］よりも標的無人機［目標だけに命中する］のような働きをする抗微生物剤もまた必要であるということで、科学者と医師の意見は一致している。それはより能力が高く、特異的な抗微生物剤で、微生物が抵抗することが難しい武器となる。

抵抗性の他に、私たちが抗生物質をより重んじるようになるにはわけがある。私たちは抗生物質の薬にあまりにも慣れているので、それらがいかに強力であるかを忘れがちだ。CDCによれば、抗生物質は小児科を緊急受診する原因となる薬物治療の最たるものである（注34）。それに加えて、抗生物質が、その因果関係はまだ証明されていないが、糖尿病、ぜんそく、そして炎症性の腸の病気のようなひどい慢性の副作用を起こすことがある（注35）。問題はクロ・ディフのような日和見菌である。

ファージとバクテリオシンの両者とも薬品の新しい宝庫を開くことが出来た。しかし、それらが病院や私たちの薬品棚に入る前には、まずFDA承認への長い道を通らなければならない。ある新しい薬は――特に自然の中に存在するものは――他のものよりもより速やかに作られるであろう。その他のものは、いくつかの操作が必要である。それは、それらをより効果的で長持ちするものにするために、タンパク質の小片を取り除いたり、加えたりする。ファージとバクテリオシンは、承認されても、おそらく、抗生物質と入れ替わることはないであろう。しかし、それらは私たちが感染と闘うための武器庫を確かに充実させるであろう。

そして、ひとたび、ファージとバクテリオシンが薬の仲間に入ると、私たちは過去からよく学ぶことになるだろう。無限に長い期間、自然は捕食者の最大のものから最小のものまでを抑制して生命を保ってきた。私たちが微生物と共により良く、いかに生きるかを学ぶにつれて、私たちはますます自然を共同作業者として見るようになるであろう。ファージとバクテリオシンは医学と、そして農業における共同作業者の重要な実例である。これらは特定の問題を、新たな問題を引き起こすことなしに解決する生物学的な方法である。私たちの生命はいつの日か、それらに依存することであろう。

人間の感染病の解決がいかに難しいとしても、農場にいる莫大な数の害虫と病気と比べれば単純なものである。次の章では、これらについて考えてみよう。私たちは体の上に適応し繁栄している微生物が感染する一つの種である。しかし、私たちの毎日のパンのためのコムギや、私たちのテーブルの上の果物や野菜を育てる人たちは、多数の種を攻撃する病原体だけでなく、ギョッとするような数の昆虫と雑草とも闘わなければならない。あるものはリンゴを好み、別のものはトウモロコシやキャッサバやジャガイモを好む。ここ数十年、広範囲に働く農薬が主流となったが、それらは多くの欠点を持っている。そして、医学研究者のように、革新的な農業生産者は今、合成化学物質から天然の代替物への道を探している。

第4章　農薬に代わる天然化学物質

瓶詰めの細菌

　裏庭の野菜畑は大失敗であった。鹿がマメを食い、リスがカボチャの芽を摘み取り、トマトは疫病に罹った。八月までに残ったのはブドウの小さい緑色の房だけだったが、これも脅威の下にあった。翌朝見たところ、キャラメル色の斑点が果実の上に現れていた。数日後、すべての房が感染していた。房が茎から落ちない場合には、しおれて苦い黒い干しブドウとなる。これは黒腐病で、元気に見えた作物が二、三日以内に駄目になってしまう。

　庭の作物を助けようと考えて、私はセレナーデの瓶を買った。瓶に入った細菌で、普通の土壌微生物であるバチルス・ズブティリス〔枯草菌〕からなる生物的農薬である。その細菌は強力な抗菌化学物質を生産し、近縁の細菌を抑制する。私は復讐のつもりで、勧められているよりも少し多く畑に噴霧した。なぜならこれは戦争である。セレナーデのおかげか、天候の変化、強度の剪定、あるいはそれらの組合わせのためかはよくわからなかったが、八月末までに、薄緑色のブドウは朝の光の中で半透明になって格子棚からぶら下がった。セレナーデとその他の生物学的処理はフェロモンから捕食昆虫まで、裏庭園芸家だけでなく大規模生産者にとっても最新の商品である。すべて自然の堆肥、輪作、根圏微生物群は、これまでのところ農業生産者にわずかな休息と防御を提供するだけである。しかし、熟したリンゴに菌類が定着し、あるいは世界旅行をする雑草が、丈夫なコムギかトウモロコシから栄養素や広い地面を盗む時、大きな土壌微生物群がある助けをもたらす。生物的資材は自然の武器庫のもう一つの道具である。

バチルス・チューリンゲンシス（Ｂｔ）菌は、一九〇一年に日本のカイコから最初に発見された。二十年後に、コナマダラメイガの腸で再発見されたＢｔは、最初に商品化された生物農薬の一つとなった。一九三〇年代にフランスでスポリンとして製剤化され、Ｂｔ細菌とそれが胞子形成する間に生産されるＢｔ毒素を結晶化したものが、それ以来、さまざまな剤型で使われてきた。Ｂｔのような生物は、休眠する胞子の段階では不利な条件を切り抜けることが出来る。商業用の胞子はそれが生産者から商品棚へ、そして最終的な使用まで旅をする間、生きている必要がある。スポリンはコナマダラメイガを標的にしていた。しかし、異なるバチルスの系統によって生産される毒素は、それぞれ、蛾や甲虫そして蚊まで特定の昆虫の幼虫に対して効果がある。半世紀以上の間、胞子を形成する細菌は、散粉されたり噴霧されたり、薄片状にして散布されて、作物や家屋や庭の害虫を防除してきた。今では二〇〇種類近くのＢｔ製品が農薬として登録され、そのいくつかは有機栽培者に対して使用が承認されている（注1）。あなたが、地元のアグウェイあるいはホーム・デポ［いずれもアメリカのＤＩＹ大手］で沢山のＢｔ製品を見つけることが出来るかどうかはわからない（今ＧＭＯ［遺伝子組み換え作物］論争の中での重大な問題であるけれども、Ｂｔ毒素の遺伝子はトウモロコシと大豆などの作物を、コーンルートワーム〔甲虫の一種〕のような害虫から守るために遺伝子組み換えされている。これは後で詳述する）。このＢｔが生産者にとって有益であったことから、その他のものによる自然的害虫防除もきっと出来るにちがいないと思われた。

大きい桶の中で育て、畑に散布したり、種子にまぶして施したりする細菌は生きている化学工場である。ゲノム学と分析化学の進歩は、微生物にもとづく新しい農薬の誕生を約束しつつある。問題はどんな製剤にするかである。軍隊の携帯食は一食分のカロリーがとれる小パックになっていて、数年以上保存出来る。私が用いたセレナーデはバチルスの胞子を含み、どこでも、いつでも効果を発揮する。しかしながら、大部分の細菌は瓶詰めされて、そのまま散布しても完全な活性を期待することが出来ない。それには餌や水を与える必要があり、適切な温度管理が求められ、そして多くの生きもののように細心の注意を要する。活性のある細菌を大規模に使用するのは胞子を形成する細菌の使用より難しい。それを可能にするには細菌を培養して大量に殖やす技術がまず必要である。スリー・バー・バイオロジクス社はこれが可能だと言う。胞子を形成しない細菌（特に、シュードモナス・フルオレッセンス〈Ｐ・フルオレッセンス〉〔フザリウム、ピシュウムなどに感染する苗の根に保護作用がある〕）の大群を瓶詰めにして発送する準備は出来ている。

Ｐ・フルオレッセンスは、生物資源探査者の夢である。それは熟達したコロニー形成者で、植物の根の近くに縄張りを持ち、競争力の弱い相手を押し潰して栄養素を吸い取る戦闘的な微生物である。ひとたび定着すると、ある植物はその植物体全体にわたる抵抗性を増やし――それは私たち自身の免疫システムによく似ている——他の微生物による感染を避ける。その多くの近縁の菌のように、P・フルオレッセンスは顕微鏡的な武器工場である。それは植物の成長を増進する一方、競争相手を壊すか毒殺する化学物質とタンパク質を生産する。これらの化学物質の一つ、2,4-DAPG［2,4-ジアセチルフロログルシノール］は植物の病気の原因となるさまざまな菌類、細菌、昆虫の防除に効果がある。

「一九九〇年代に戻ると」と微生物生態学者ブライアン・マックスパデン・ガードナーは言う。「モンサント社［アメリカのアグロバイオ企業。遺伝子組み換え作物で有名］はDAPGを検討しました。しかし化学的安定性がないためにそれを捨てました。……そして多くの会社はP・フルオレッセンスを採用しません。なぜならそれは保存期間が短いからです（注2）」。アメリカ中西部出身で、自らを「心からの農学者」と呼んでいるガードナーは、世界を有機栽培で食べさせることは無謀な夢ではないと信じる。そして彼は自分の半生を有機栽培の普及のために過ごしてきた。「もし私たちが植物の上の微生物を見ることが出来たら」とガードナーは言う。「どれが問題の原因で、どれが助けてくれるものかを見分けることが出来るでしょう」。有益な微生物共同体を識別することによって、健康な土が育ち、植物はより良く生育し、健康を保ち、人が食事制限やこれまで使われた農業化学物質に頼らないですむようになる。オハイオ州立大学で働きながら、ガードナーはP・フルオレッセンスの特別に有益な系統の一組を発見した。しかし、保存期間に問題があった。そして彼はこの問題を解決するために二〇一二年に、ブルース・コールドウェルと共にスリー・バー・バイオロジクス社を共同創設した。そこで、彼等は保存期間の問題は解決したと言う。

スリー・バー社は生きたP・フルオレッセンスを、ボタンを押すとミニ生物反応系に転換出来る瓶の中に包装している。スリー・バー社の細菌は社内で最適な環境で維持されており、生きて、育つのを待つばかりになっている。この製品を作物に適用する直前に、生産者は液体の成長剤のなかに細菌を放す。使用時に、パン酵母のように少量の温めた水と砂糖を入れると、個体数が急増する。生産者はトウモロコシと大豆の畑に活性のある細菌を散布することが出来る。これまでの所、トウモロコシと大豆の生産者は収量が増加したと報告している。増加量は平均四〜五パーセントで、収量を増やしたい生産者にとっては十分である。バチルスのように胞子を形成する微生物が倉庫で生存出来るのと同じだと、コールドウェルは言う。「もしあなたが生物的防除剤を胞子形成者のみに限るなら、それは可能性を制限するものです。有益な細菌の種については数千の研究主題があります……。しかしそのうち実際、効果的な商品となる生産物は多くはありません（注3）」。この技術はいつか他の有益な微生物を畑にもたらすことであろう。持続的な農業生産への要求によって強められ、スリー・バー社によって提供されるような生物的資材は、もっと普及していくだろう。コールドウェルは言う。「私は有機栽培生産者が私たちのユーザーの中心だと思いますが、それだけで終わることはないでしょう。その製品を試したいと考える一般の生産者が多くいるでしょう」

大企業が動き出す

害虫と病原体のために、一〇〇パーセント自然の防御剤を商品化して利益を見込む企業が増えつつある。モンサント社、バイエルクロップサイエンス社［ドイツの薬品会社］、BASF社［同上］などのアグロバイオ企業は今、生物学的な薬剤の開発に向かっている。二〇一四年にモンサント社は数百の微生物系統を一〇万以上の試験圃場で試験し、二〇一五年にはその数を倍加する目標を立てていると発表した（注4）。各会社の名札をつけた聴衆が集まる農薬抵抗性の問題についての集会において、モンサント社の上級研究員である酵素化学者で、実験室よりは農場にいる方が気楽に見えるドグ・サモンズは生物農薬について話した。会場一杯の農薬信奉者（そして代替品に熱心な少数者）に対して、サモンズはモンサント社の目標は次の十五年間に作物の収量を二倍にすることだけではなく、化学合成農薬の投入を野心的な三分の一に減らすことであると発言した（注5）。自然の防御剤を実用化しようと動き始めた小さい会社に、アグロバイオの巨人が先を争って飛びつきつつある（その善し悪しは、あなたが誰を信頼するかで決まる）。天然産物が混乱の中で失われるか、主力商品として売り出している業界によって抹殺され、市場に一切出回らなくなる恐れがある。他の人たちは、その薬剤を世に出す唯一の道が、高額な登録料であると指摘する。いずれにしても、緑の革命の場合を考えると、これらの農業の巨人によって買い込まれたものは、次の緑の革命の中で用いられる。それは化石燃料キャンペーンが緑のエネルギーの従者になったようなものである。もし、巨大農業ビジネス（「ビッグ・アグ」として知られる）が彼等の研究力をより緑の農業に向けるならば、私たちはより速くそこに到達出来るであろう。

私たちは、免疫を強める微生物の化学物質から、抗菌剤や土に棲む侵入者を追い出す化学的信号まで、私たちの便益のために自然にある化学物質を使うことについて学びつつある。しかし、微生物だけが新しい化学物質の開発や農業を成長させるための唯一の選択肢ではない。生物は、化学的信号への独特な反応においてもユニークである。昆虫と植物は化学的信号によって刺激された時に、退き、攻撃し、交尾する。この化学的信号は揮発性の分子で、ちょうどコーヒーカップの中のクリームのように空気の流れの上で渦巻くか、あるいは「魅惑的な香水」のように目に見えない煙となって、空中に漂う。特別に匂いに敏感な、ある昆虫はこれらの化学物質を極めて少量――一〇の一五乗分の一あるいは一〇億×一〇〇万分の一分子でも感知することが出来る。私たち人間は比較的匂いに鈍感であるが最良の場合、一兆分の一を感知出来る。――そして普通は一〇億分の一に限られる（注6）。これらの分子的信号が空気に放出されると、それらは、携帯電話の電波信号が端末から塔に送られる時のように、昆虫の触角によってキャッチされる。ある昆虫は化学的な煙を数十キロも追跡することが出来る。甲虫を引きつける化学物質がある一方、アブラムシが四散するものや、あるいは蛾が交尾相手を見つける助けになる化学物質がある。これらは微生物の化学物質のように強力な信号なので、今使われている農薬の代替品になる。私たちは、それらを、いかに効果的に解読し、配置するかを学ぶ必要がある。広範囲に殺す薬（それはこれまでの農薬と微生物農薬の両方を含む）を散布するよりは、昆虫の交信システムを遮断し、害虫を迷わせることによって、生産者はアーモンドやコムギやリンゴを守ることが出来る。

ナチュラリストのジャン・アンリ・ファーブルは一八八〇年代の五月の朝、眼に見えない化学的信号の魔法を経験した。その時、彼が採集した繭から大きいオオクジャクガの雌が羽化した。この蛾を採集カゴに閉じ込めたファーブルは、数時間後に心を奪われるような光景を目撃した。ファーブルの家は蝶の庭のように、大きい、好色なオオクジャクガが乱舞する場に変わっていたのだ。「大きい蛾がやわらかく反転して回り……彼等は私の肩にとまり、衣服にくっつき、私の顔を噛んだ……どこかわからないあらゆる方向から来た四〇匹の愛人が、その朝生まれた未来の花嫁に彼等の敬意を払おうとしてやって来たのだ（注7）」。それは分析化学の進歩や、その他の革新によって、化学者が昆虫の化学的な言葉を判読出来るようになる数十年前であった。驚くべき革新の一つは触角電図であり、それはその言葉通りのものである。デリケートな羽毛の生えた蛾の触角に電極が差し込まれ、それによって化学的信号の昆虫の脳への反応を読むことが出来る。

ファーブルの蛾は性フェロモン――昆虫が容易に抵抗出来ない魅惑――として知られる化学物質に反応していた。このような方法によって交尾相手に引きつけられるすべての昆虫のうちで、蛾は最も敏感である。彼等の精巧な触角はオスジカの角のように突き出て、驚くほど低い濃度の化学物質を検知出来るように進化してきた。私たちの果樹や他の作物に引き寄せられる蛾にとって、フェロモンは好色的なアキレスの踵［急所］である――これはリンゴや地方の果物を育てる者にとって良いニュースである。なぜならばリンゴは蛾によって悩まされるからで、誰も彼等のリンゴにイモムシのような蛾の幼虫を見つけることを望まない。

リンゴを救うフェロモン

過去数十年以上、リンゴは他の多くの果物のように、無傷でいることはほとんど不可能であった。一個のリンゴを果物店か農家マーケットで取り上げて、くるくる回し、カサブタか斑点を発見し、こそこそと戻したことのなかった人はいるだろうか？　私たちは完全を要求する一方で、農薬がより少ないことを希望する。それは果樹農家にとって法外な要求である。なぜならば、リンゴを好むのは私たちだけではないからである。スモモゾウムシ――斑《まだら》模様の小さい甲虫で、その汚い幼虫は果物の中に穴を掘る

――からコドリンガ、リンゴミバエ、ナシヒメシンクイに、リンゴは攻撃される。これらは害虫である。また黒星病、火傷病のような病原体もある。だから果樹栽培者、特にアメリカ北西部の人はマコロン、マッキントッシュ、コートランド［いずれもリンゴの品種］が傷や汚れのないように化学物質を使う。これらの農薬は害虫だけでなく、有益な昆虫も殺し、その中には役に立つ捕食者も含まれる。季節はずれの果物に光沢を求める私たちのせいで、生産者はウドンコ病による色落ちを避けるために、収穫後に噴霧を行うことがある。有機栽培生産者でさえ、色落ちに困ると、硫黄、ピレトリンそして銅を用いた薬品の桶にリンゴを漬けるであろう（これらの薬剤は有機栽培での使用を承認されており、ピレトリンと銅には、高度な毒性はないが、全く無毒ではない）。私たちが最初の一口を食べる時までには薬品の残留の大部分はなくなるけれども、いくらかの農薬は残る。二〇一六年にイチゴが環境ワーキンググループの「汚れた一二種」リストのトップに昇格した時、長期の農薬残留チャンピオンだったリンゴをナンバーツーに追い落とした。二〇一三年にUSDAは、試験したリンゴの九八パーセントに、「許容出来る」とみなされる濃度以下の少量の農薬が残っていたと報告した（注8）。

「それは植物部門の性質です」とマサチューセッツ州立大学農業普及所［州立大学に附設され、新しい農業技術の普及を行う組織］のジョン・クレメンツは言う（注9）。eメール署名が「別名ミスター・ハニークリスプ［リンゴの品種名］」であるクレメンツは、生産者と共に病害虫問題の解決のために働いている。「私たちは皆、薬剤散布をしなくてもよい果物を育てたいのです。私は有機栽培でどのようにリンゴを栽培したらいいかを知りたいと思っています。しかしそれは極めて難しい。骨折り損のくたびれ儲けです」。彼は「東海岸育ちの有機リンゴをみつけることは出来る」と言うが、それに成功している果樹園は稀である。私たちがホールフーズ［アメリカの自然派高級スーパー］やその他のスーパーマーケットで売られている有機リンゴの大部分は西海岸か、もっと遠く離れた南アフリカから来ている――そこは、湿潤な東海岸に生息する害虫や病害への対策が必要のない、乾いた気候である。この夏、私の親しい有機CSAでさえ、病害虫がリンゴに発生するのはあきらめている。「此処では有機栽培は出来ません」と地域共同農場で働く生産者は私にセレナーデを指差してくりかえした。「少なくとも生の果物でなければ出来るのですが。有機リンゴジュースなら作ることは出来ます」。農薬を減らしたい果樹栽培者はどうしたら良いのだろうか?

一つの選択肢はフェロモンによる交尾阻害である。「自然の法則どおりならば、確実に化学薬品の使用を減らすものと私は言いたい」とクレメンツは言う。〇・四ヘクタールあたり数ミリグラムで効果があがる――ひとつまみの塩よりも少なく（多くの一般的な農薬では〇・四ヘクタールあたり数キログラムなのに比べて）――フェロモンは強力である。それらは、高度に特異的で無毒で、蛾によって悩まされる生産者の救世主である。雌が出す匂いを果樹園に充満させることによって、雄は雌へのルートを見失う――匂いはどこにでもあるので。雄と雌が交尾出来なければ、卵は産めず、それから孵化するイモムシがリンゴ、モモ、アーモンドに発生することもない。特定の種に特異的な匂いは集められ、化学者によって分析され、実験室で合成され、放出するために製剤化される。よく知られたフェロモンの大規模使用の一つにマイマイガの害虫防除がある。この蛾は侵入害虫で、ボストンの郊外で不注意に放されて以来、一八〇〇年代の中頃から終わりまで、その貪欲な幼虫は国中に広がり、数ヘクタールの森、郊外の並木、市の公園の木を裸にしてきた。私は何回目かのニューイングランドの夏を思い出す。その時、この蛾は特別に酷かった。毛を逆立てた、斑点のある毛虫の子孫たちはカシやカエデの木立を世界の終わりの秋のようにした。二〇一六年のアメリカ中西部は、蛾にとって特別に良い年であったとみえて、市当局は木々を救うため、フェロモンを染み込ませた薄片を飛行機とヘリコプターから投下した。マイマイガがある狭い場所に定着し始めたアイオワ州では少なくとも、この処理は十分に成功して、その年にはそれ以外のフェロモンの空中投下の必要はなかった。フェロモンは数十年間、マイマイガと闘う武器の一つとなっていた（フェロモントラップ［蛾を捕らえるためのわな］は発生を監視するためにも用いられる）。果樹生産者は彼等の果実を救うためにますますフェロモンに転向しつつある。

リンゴ生産者は環境ワーキンググループの「汚れた一二種」キャンペーンが、汚染された果実を選び出すかなり前から、農薬問題を抱えていた。対象害虫は農薬抵抗性を持つようになり、効力の低下によって生産者は大量の散布が必要となった。その間に新しい食物保護法によって、農薬を単独で散布するよりも、複数の農薬を同時に散布することで複合的な影響があるのではないかという懸念から農薬の規制が始まった。新しい規制はベビーフードの瓶詰めや小学生のランチボックスに入る果物、リンゴのような果物にスポットライトを当てた。このような時、フェロモンがすべての害虫と関係するすべての農薬問題の解決を約束することはないけれども、少なくとも一つの重要な害虫、マイマイガを減少させた。

リンゴの害虫であるコドリンガは、マイマイガのようにフェロモンに誘引されるという弱点を持っている。そこで、一九九〇年代のはじめに、生産者、研究者と昆虫学者はフェロモンの試験を行った。合成された匂いが、ワシントン州、オレゴン州とカリフォルニア州にまたがる果樹園に散布された結果、雄蛾は［交尾の］チャンスを得ることが出来なかった（注10）。結果はさまざまであったが（効果は、被害の程度と無処理の果樹園境界から交尾済みの蛾の侵入する数によって変わる）、そして、ある果樹園では、一般的な農薬と組み合わせてフェロモンを使用したが、試験結果は良好で、広域的殺虫剤［多くの種類の虫を殺す］の七五パーセントの削減につながった。二十年後、コドリンガのフェロモンはしだいに一般的な処理となった。二〇一五年カナダのケベック州では政府が資金を出すパイロット事業によって、リンゴ生産者はこの方法に便益があると思うようになった。ある生産者はコドリンガに対して、これまで「一年に五回、いや六回も」薬剤散布していたのが一回の散布に減らして管理していると言う。「今年は」と彼はレポーターに話した。「薬剤散布をゼロに減らすことを目指しています」（注11）

ピンポイントで効くフェロモン

カリフォルニア州のアーモンド生産者たちもまた、この方法によって蛾の防除に成功しつつある。堅果の木――アーモンド、ピスタチオ、そしてクルミ――はロードアイランド州よりも広い土地を占め、数十億ドル規模の産業となっている。ネーブルオレンジワーム［アミエロイス・フランシティエラ］はカリフォルニア州のアーモンドの主要害虫である。雌がアーモンドの実の外側に卵を産み、孵化した幼虫が実の中に潜り込む。アーモンドのヘタ、すりつぶされた実の小片、割られた殻が被害の兆候である。幼虫に実を食われるだけでも酷いのに、事態はさらにひどくなる。虫が実につけた割れ目に、発ガン性の可能性のあるアフラトキシンB_1［カビ毒の一種］を生ずるカビの一種、アスペルギルス・フラブス［黄色コウジ菌］が繁殖する。私は大学院にいた時、あらゆる種類の不快な化学物質について研究したが、一人の学生が黒板に残した「私はアフラトキシンB_1以外のことならなんでも研究する」という落書きを読んだことがある。積荷のナッツの一〇億分の幾つかに発ガン性物質が検出されれば、数十万トンものナッツが破棄される（穀物も同様に影響される）。それは、生産者にとって経済的打撃である。そこで、この蛾のための最も効果的な農薬が失われた時、ナッツ業界は蛾に対して打つ手がなく、生産者には選択肢が必要であった。一つの代替品はフェロモンによる交尾阻害であった。それはリンゴの時には効果があったが、アーモンド生産者を同じように助けるだろうか？

二〇〇二年にコドリンガの交尾阻害でリンゴ産業を助けた昆虫学者のブラッド・ヒグビーは、アーモンド生産者に招かれた。「USDA―ARS［農業研究事業団］で二十四年間働いたあとで、私はネーブルオレンジワームの防除に関心のあるパラマウント農場（カリフォルニア州にある、おそらく世界で最大のアーモンド生産者）に雇われました（注12）」と彼は言う。ヒグビーは生産者が農薬抵抗性に直面したのと同時に、高品質なアーモンドの需要が高まった時に招聘された。十年を少し越えたあと、ネーブルオレンジワームのフェロモンが「パッファー」（定時に定量のフェロモンのエアロゾルを出す）によって放出され、二万四〇〇〇ヘクタール以上のアーモンドとピスタチオの木に漂った。ある果樹園はネーブルオレンジワームへの農薬処理をすべてやめることが出来たが、他ではフェロモンと一般的な農薬処理が組み合わされた。二〇一五年にフェロモン処理された面積は約四万八〇〇〇ヘクタールになった（注13）。カリフォルニア州の果樹園の一部ではあったが、フェロモン処理の増加が期待される。

私は、トレーダー・ジョーズ［アメリカのオーガニックスーパーチェーン］で、大きい容器に入っている有機アーモンドに注目し、これらの生産者はどのようにネーブルオレンジワームに対処しているかを不思議に思い、交尾阻害システムが有機栽培者にも採用されているかどうかを、ヒグビーに尋ねた。しかしパッファーは運送車に組み立てられており、有機果樹園では使用が禁じられている高圧ガスを必要とする。ヒグビーが言うには、「有機アーモンド生産者は、果樹園の衛生管理以外には、ネーブルオレンジワームの防除基盤がありません」。スピノサド［サッカロポリスポラ・スピノサから抽出される化学物質による殺虫剤］とピレトリンのような生物農薬があるが、ヒグビーが言うには、どちらもあまり効果的でない（それよりも、リンゴ生産者が使うプロペラント、すなわち温度に反応してフェロモンを放出する装置に頼る方がよい。このような装置は有機栽培でよく使われる）。

フェロモンと毒を入れた監視用のトラップの中に害虫が入ると死ぬようにして、生産者に差し迫った侵入を知らせることが出来る。国中に数十万個のトラップをかけることによって、マイマイガへの注意を喚起することが出来る。生産者が総合的病害虫管理戦略（自然と農薬の組み合わせによる病害虫防除）を用いるために、全果樹園に農薬を散布するよりは、フェロモントラップを隣の畑との境界や隅に置き、彼等の果実が攻撃を受けそうな時にのみ散布すればよい。毎年、二〇〇〇万個のトラップがワタミハナゾウムシ、ホソバヒメハマキ、キクイムシ科、テッポウムシやその他の数ダースの害虫をおびき寄せて殺している。民家では、数百万個のフェロモントラップがイエバエ、ゴキブリ、ノシメマダラメイガ、トコジラミを防除する（注14）。これらは強力な無毒の害虫防除で、個体群を倒すことが出来、彼等がどこにいるかをあばき、あるいは彼等を死に至らしめる。しかし落とし穴がある。最良の害虫防除法でも、それが生産者の手に入らなければ、使用出来ない。トラップの設置は、生産者の費用負担が大きすぎる。有機栽培者にとっては、その剤型は適法でない。あるいは効果的なフェロモンがまだ市場にない。

「性フェロモンを分離し同定することは」とヒグビーは言う。「比較的容易な場合と難しい場合があります。それは害虫の種と成分の複雑さによって大きく変わります」。彼は、雄のネーブルオレンジワームを監視トラップに誘引するために必要な性フェロモンを分離し微量成分を確定するために、二十年ほどかかったことに注目する。

「フェロモン市場は殺虫剤と比べると、すきま市場です。一つの昆虫、一つの作物の一つの時期のために一つの製品を開発しなければなりません」と化学生態学者で、フェロモン研究のパイオニアであるカム・エーレンシュレーガーは言う。エーレンシュレーガーは今、フェロモンを開発し世界中の生産者に売る会社、ケムティカ・インターナショナル社の副社長である（注15）。農薬の登録はすべての国で求められるので、比較的小さい市場にもかかわらず製品化には高い立ち上げコストが必要である。ある新製品が明らかに有効でも、「小さい市場に投資することを望む販売者は少ないのです」とエーレンシュレーガーは言う。画期的な製品への投資が乏しいのはビジネスの面から見ると大きい損失である。フェロモン使用は五、六パーセント（年平均増加）でゆっくりと増えている。最近の報告によれば、殺虫剤市場のちょうど二、三パーセントを獲得してきた（二十年前と同じである）。果樹園におけるフェロモンの使用は有望である。しかし、他の生物農薬のように、成長のためには多くの余地があり、多くの製品が畑に撒かれる日を待っている。エーレンシュレーガーによれば七〇〇〇のフェロモンと誘引剤が、二〇〇〇以上の昆虫種のために発見されてきた。希望は空中にある——もしそれが捕らえられ、解読され、複製され、登録され、市場に出るならば。

植物を使った害虫・雑草対策

その間に、アフリカのあちこちの農場で生産者が特別な化学的交信から便益を得てきた。そこでは種内の性的策略、あるいは、ある昆虫の種が他の種と競うのではなく、イギリスの科学者たちが植物が昆虫に発する信号を、操作している。

ジョン・ピケットは化学生態学者で、イングランドのハーペンデンにあるローサムステッド研究所の主任科学者である。私が彼の話を録音するレコーダーを手に座っている間も、ピケットはほとんど中腰でいる。彼はいつでも動けるように準備している。何回か、私たちが彼のオフィスでおしゃべりしているとーー彼は、共同研究者を助けるために突然立ち上がったり、あるいは彼がトランペット奏者であることに私が気づくと、彼のジャズバンドの録音を出して見せたりする。「あなたはアボガドロ数［一モル＝物質の分子量にグラムをつけた質量＝の中の分子の数］を知っているでしょう」と彼は言う（注16）。私はいくらか知っている。そして肩をすくめ、頭を振る。それはすべての科学者が習う数である。しかし、それは実際ある概念以上のものである。アボガドロ数は、例えば、一八［水の分子量］グラムの水の中の分子の数であり、結局は大きい数字である。彼の言いたいことは、分子がいかに小さく、数が多いかを印象づけることである。「アボガドロ数は六・〇二×一〇の二三乗です。莫大な数です。理解出来ない数です。……ところがアブラムシのような動物はこの分子を検出することが出来ますーー彼等は分子を検出するのです」とピケットはその効率に驚嘆しながら言う。

ピケットは植物と昆虫の化学的な言語を研究しながら過ごしてきた。二〇〇八年に彼は世界第一の農業賞（ウルフ賞［農業、化学、数学、医学、物理学、芸術の分野で顕著な功績のあった人に贈られる賞］）

を二人のアメリカ人と同時受賞した。彼の主な業績の一つは、「押して引く」［害虫を排除して、天敵を呼び込む］と呼ばれる方法である。それは植物が昆虫に対して行う化学的警告である。ピケットの情報化学物質への情熱は、しかし、いつか農薬のない将来を想像するものではない。「どこで私たちは農薬なしでいることが出来るのでしょうか？　多くの人びとが飢えているのに……少なくとも三〇パーセントの食料が害虫、病気、そして雑草のせいで失われているのに（注17）」。しかし彼は、自然を味方にする便益を十分に知っている。自然に尋ねることが出来る時に、なぜ一つの新しい農薬を見つけるために数十万ドルも費やすのかとピケットは言う。「それが私の存在理由です」と彼は言う。「押して引く」は植物と昆虫の化学的交信を現す力を評価するものである。

小規模生産者（多くは女性）が、家族のための食物と収入を得るために闘っているサブサハラ［サハラ以南の］アフリカでは、「押して引く」が実際に緑の革命を起こしつつある。過去数十年の間、ピケットは彼の共同研究者ゼイアウア・カーンとケニヤ、タンザニアと、その他の東アフリカの国々の農業生産者が、昆虫に対して植物を闘わせていることについて研究してきた（注18）。そこでは目覚ましい成果をあげた。トウモロコシとソルガムはアフリカの主要作物で、茎に潜る蛾の幼虫が特に問題である。他の蛾の幼虫のように、その貪欲な幼虫は若い葉を食い、茎に潜る。被害を受けた植物は発育が阻害され、収穫は減少し、農業生産者は危険にさらされる。蛾の幼虫の被害が少ない場合でも、作物はアフリカストライガ［ハマウツボ科の半寄生植物］に加害される。これは非常に多産な寄生者で植物の根に寄生し、作物の栄養を搾り取る。一九九〇年代の中頃、ギャツビー基金（アフリカの植物科学に捧げられた慈善団体）が、ピケットのもとに依頼に来た。「彼等は、アフリカが持続的な食料生産を得て、貧困を減らすために、あなたの優れた研究を教えてもらいたいと言うのです」。もし成功したら、数千万人のためにもっと食料が得られることを意味するだろう（注19）。

その地域の農業生産者はすでに間作［ある作物の間に別の作物を植える］をしていたとピケットは言う。マメ作物をトウモロコシの間で収穫していたので、サトウキビのような有益な作物の可能性を実験するのに適していた。「ある植物は被害を受けた時、化学的なＳＯＳを発します。それは植物食者（植物を食う昆虫）に、彼等がすでに定着しているからそこに入ってこないように警告するものです。そしてそれはまた、寄生バチを誘引します」。サトウキビもこれをする。すなわち害虫を押し出して、有益な捕食性のハチを引きつける、一種の優待券である。この植物は被害をひきうけて食用作物を守る。「私たちがその作物を作ると、被害を受けたように見えるのですが、それは多くの場合損なわれません」。畑の境界線に沿って植えた、ネピアグラス、スーダングラスは害虫を誘引し、ついでに牛や山羊の餌にもなる。「それは見事によく効きました。それから偶然に、私たちが使ったマメ科植物（窒素固定のために）はストライガを防除するのに効果がありました。私たちはすべての課題の解決策を見つけました」。害虫と雑草の防除、窒素固定細菌、そして飼葉――すべては合成化学物質を散布することなしにうまくいった。

ピケットと共同研究者はこの技術をすでに一〇万人以上の農業生産者に提供し、さらに数百万人にもたらそうと望んでいる。気候の変化を予想して、生産者たちはより早魃に耐える植物を試しつつある。それは劣化した土地でもよりよく繁栄することが出来る。ただ、唯一の問題がある。それらは、小規模なアフリカの農場でのみ有効なのである。「アイオワ、ミズーリでは出来ないでしょう」と彼は言う。この方法は、マクドナルドやKマート［アメリカのコンビニエンス・スーパーマーケットチェーン］に供給する大規模農場では使うことが出来ない。「そこで」とピケットは言う。「私たちは遺伝子組み換えによってそれを行うのです」。その実験――それはイングランドではGMOに消極的な人の論争を呼び起こす――はすでに始まっている。

待ったなしの農業拡大

私たちは食物をめぐる戦争をしている。食物は害虫と人の両方が消費するものである。ピケットが指摘するように、永遠に増えつづける人口を養うことは、私たちが農業をこれまでよりも激しく推し進めることを意味する。農業は地球上の最大の土地使用者であり、氷のない陸地の面積の三八パーセントを利用している（作物は約一二パーセント、牧草地は約二六パーセントを占める）。そして、私たちのうちの、あまりにも多くがまだ十分に食べることが出来ない（注20）。人口が増加するにつれて、もっと多くの者が十分な食物や飲み水を得られなくなるであろう。ある報告は、将来の需要が食料生産の倍加を要求すると示唆し、別の報告はいかに作物が育てられ配分されるかは、より複雑な問題であるとしている（注21）。しかし、農場が大きいか小さいかにかかわらず、アメリカ、ヨーロッパあるいはアフリカでは、生産者は疫病、害虫、そして雑草との闘いを（気候変動にかかわらず）つづけている。

誰であっても、どこにいても、生産者は大きな努力を必要とする闘いに勝ち、作物を市場に運んでいる。数万の異なる種類の病原微生物、害虫、そして雑草が私たちの作物を食べ、卵を産み、栄養分を盗む。それと対照的に、人類は知られているだけでもほんの一四〇〇の病原体のなすがままになっている。しかし私たちは、オレンジ畑が病気になり、トマトが疫病に罹り、あるいはウジのようなシンクイムシを迎えた結果、スーパーマーケットで値段がうなぎのぼりになった時だけ、農業生産者たちが試練に直面していることに気がつくのだ。世界の食料供給の前線で働く今日の生産者は厄介な仕事に直面している。彼等は緑の革命――それは数十億人を食べさせることが出来るが、化学合成肥料を必要とし、大規模な単作を勧め、輪作を減らし、作物と牧場を病害虫を引き寄せる磁石に変えた――によって作り出された農業システムを受け継いできた。生産者は数百万トンの殺菌剤、殺細菌剤、殺虫剤、そして除草剤と共に反撃する。しかし、あらゆる化学物質を投じているにもかかわらず、害虫と病原体はなおも数千億ドルの作物被害をもたらしている。その間に商品と人の移動が新しい病害虫の侵入を許し、あるシーズンから次のシーズンへとこれまでのように防除された害虫、菌類、そして雑草は薬剤抵抗性を進化させ――もっと多くの農薬を必要とするようになる。抗生物質の場合のように、数多くの頼りになる農業化学物質が、それらの効果を失いつつある。食物には農薬残留が全くないか、ほんの少しあるだけが望ましいとする消費者と、薬剤抵抗性病害虫の出現は、自然の力を利用した防除法を探し出すための強い動機となる。ほぼ一世紀の間、農業生産者たちは化学的な踏み車［人が踏んで廻し、動力を得るもの］の上を走ってきた。そして今がその車を壊す時である。

農業では現在、第二の緑の革命が進行中である。これは有機農業対一般的農業の問題ではない。それは健康的で、手頃な食べ物を育てる一方、人類と野生動物が有害な化学物質に曝露されないということである。有毒な農薬は唯一の選択肢ではない。自然はそれ自身の殺戮者を沢山生み出している。これらの自然の味方は私たちをより安全でより繁栄する未来へ動かすことが出来る。生物的資材を励ましながら、マックスパデン・ガードナーは、「これらの製品は万能薬ではない」という警戒的な注意を述べる。自然の防御はある環境的に経済的に持続的な食料システムの開発の一部にすぎない。しかし、そこには多くの革新と希望がある。私がここに述べたいくつかの戦略は実験室から農場へのそれらの路を作るものの一断片にすぎない。それらはすべて、いかにして地球へのインパクトのより少ない食物をより効率的に育てるかについての私たちの知識を集約したものとなるであろう。「仕事はまだ終わっていない」とクレメンツは言う。彼は正しい。そして農業における最も論争的な革新は農薬を減らすための私たちの最良の賭けの一つ、遺伝子組み換えである。いつの日かGMO論争を収束させる新しい技術が現実となるであろう。この政治的不和と終わりのない魅惑的なトピックは次の章で探求したい。

第Ⅲ部

遺伝子が世界を変える

第5章　病気に強い遺伝子組み換え作物

深刻な疫病被害

　ライアン・ヴォイランドは中学生の頃からトマトを育てて、自宅の外に販売所を作って、売っていた。十年ほどのち、ヴォイランド――穏やかな話しぶりで、コーネル大学の学位を持っている三十代の有機栽培生産者――はトマト生産者の賞を受賞した。「その最初の年は素晴らしかったのです」とヴォイランドは、微笑しながら回想した。「私たちはマサチューセッツ・トマト・コンテストについて聞き……良いトマトを作って、参加しました（注1）」。彼のレッドファイア農場の有機栽培トマトは、一二の賞のうち五つを獲得した。それは有機栽培、一般栽培を問わず、いかなる農場のうちでも、最も多かった。成功した共同体支援農業（ＣＳＡ）であるレッドファイア農場は一五〇以上のトマト品種を育て、トマト祭に毎年出品している。しかし、二〇一四年に、疫病菌による病気が、ある農場から他の農場に広がり、その後レッドファイア農場を攻撃した。トマトは数日以内に死んだ。一度は緑だった植物の列が、ゾンビ軍団の植物版のようになった。茎の上の方は褐色の疫病に侵された葉がちりばめられていた。大きい褐色の斑点が果実の上に広がり、腐敗して、売り物にならなくなった。

二〇一四年の大発生は、その地方のトマト畑をぼろぼろにした。しかし、今回の疫病はましだった。二〇〇九年の疫病は大量の作物損失をまねいた。東海岸沿いの多くのトマト農場が被害を受けた。ニューヨークタイムスの主任でライターのダン・バーバーは、この大発生についての論説に「あなたはトマトというが、私は農業大災害という」と書いた。これはその年に出た数百の論説の一つであった。マーサ・スチュワートは二〇〇九年のブログに書いた。「私の庭の五〇品種の七〇パーセントが失われました。先祖伝来の品種の多くが、実らなかったのです（注2）」。スチュワートの投稿は、長年のトマト生産者の完璧主義からはほど遠く、病気のトマトみたいにひどかった。疫病は糸状菌フィトフトラ・インフェスタンスによってもたらされる。トマトは、斑点と癌腫に覆われる。それは広範囲に広がり、大規模小売店と大規模生産者は注意しなければならなかった。また、トマトが表面的には普通に見えても潜在的に病原体に感染しているので、これが流通することによって北西部のトマトに感染し新しい問題を起こした（注3）。それ以来、生産者はそのシーズンのある時点で疫病の発生をほとんど予想出来るようになった。この病気によって有機栽培と一般栽培の両方の生産者が、この夏、市場に良い物を出荷することが困難になった。しかし、疫病は、必ずしも食べなくてもよいトマトだけに対する脅威ではない。その病原体はまた、世界で最も重要な作物であるジャガイモも攻撃する。

二〇〇九年の大発生は北東部のトマトに初めて打撃を与えたものであったが、それはフィトフトラが流行した最初の例ではなかった。トマトは疫病によって侵された最初の野菜（あるいは果実）ではない。一世紀以上前、不思議なトマトの病気は野火のようにヨーロッパ中に広がった。健全な植物が数日の内に死んだ。土の中のジャガイモは腐敗した。大量の作物の損失は広範囲な飢餓を招いた。それに腸チフス、発疹コレラとその他の病気による犠牲が加わった。一〇〇万人のアイルランド人が死に、一〇〇万人以上が遠い外国に向けて航海した。疫病は、一八四五年から一八五二年までつづいた、悪名高いアイルランドジャガイモ飢饉を誘発した。疫病はジャガイモ畑での発生以来、全地球の生産者に破滅をもたらした。ヴォイランドのような生産者は夏トマトの欠乏をこうむったかもしれないが、ジャガイモの疫病の場合はそれどころではなかった。フィトフトラは地球上で最も破壊的な作物病原体の一つで、アメリカからヨーロッパ、アフリカまでの生産者に破滅をもたらした。

毎年、疫病は地球上で八〇〇〇万から一億人の食物を奪う（注4）。ドルに換算すると、疫病による被害額は、ほとんど七〇億ドルに相当する。コーネル大学の植物病理学者のウィリアム・フライはこの病原体を数十年追跡してきた。彼は社交的な人で仕事好きのように見える。私が彼にどれくらい長くこの仕事についていたのかを聞いた時、フライは笑って、「おう、恥ずかしい」と言った。彼は疫病研究の五十周年記念日も間近で、彼のこの分野への貢献は計り知れない（注5）。フライは生産者の疫病との闘いについて知っている。しかしながら、注意深い生産者は、その後、殺菌剤を使わなければならないであろうとフライは言う。条件によって、生産者はどこでも、一年に六回から一八回、殺菌剤を使用する。ビッグスリーの作物——コムギ、トウモロコシ、ジャガイモ——のうちで、ジャガイモは最も化学物質が多く使われている。十年前、アメリカだけで約二〇〇〇トンの殺菌剤がジャガイモに使用された。有機栽培生産者ですら、銅を使う——それは「自然の」殺菌剤で、疫病だけでなく有用な土壌微生物をも殺す。「私たちの持っている品種のまわりに疫病があるかぎり」とフライは言う。「私たちは殺菌剤を使わなければなりません……人びとは一世紀以上抵抗性植物を作ろうと試みてきました」。育種過程は数十年かかり、抵抗性が有効なのは束の間である。その後、疫病は植物の抵抗性からの逃げ道を進化させる。「これは世界中のジャガイモの育種過程で何回も起こってきました……これらの抵抗性遺伝子は基本的に疫病の抑制には何も貢献してこなかったということです」。それは、病気を起こす菌が本来進化しやすく出来ているためである。この生物は信じられないほど多産で、突然変異しやすく、適応力がある。

感染がまだ眼に見えない畑でさえ、と植物病理学者のジャック・ヴォッセンは言う。フィトフトラは数十万の胞子を送り出す。「もし、あなたがゲノムシークエンスを見るならば、それは中心ゲノムを持っています」とヴォッセンは言う。「そして、周辺ゲノムが急速に進化し、そこでは多数の遺伝子の組み換えが起こっています（注6）」。ある感染したジャガイモ畑から一群の胞子が放出され、少数の胞子はジャガイモの高い抵抗性を破る遺伝的役割を持っている。疫病の遺伝的に突出した病原体は体操選手のように、ねじれ曲がって危険から逃れる。そして、ヴォッセンとヴォイランドが共に言うには、新しい疫病抵抗性のジャガイモやトマトの品種が完成しても、それらが、先祖伝来の品種を好む傾向のある、生産者、加工業者、消費者に求められるとはかぎらない。

遺伝子組み換えの議論はつづく

幸運にも、生産者、加工業者、消費者に人気のある品種の中に疫病に抵抗性のあるジャガイモを開発する方法はある。それは今日の農業で最も議論のある問題の一つである、遺伝子組み換え技術である。植物、動物、そして微生物には遺伝的形質の驚くべき多様性がある。地球上の生命の全ゲノムの中には、生命を救う薬、基本的な栄養、そして抗生物質のための遺伝子が存在する。もし、倫理的に許されるならば、害虫と病原体への抵抗性を提供する遺伝子がある。例えば、これらの形質のあるものは、果物と野菜に化学物質を散布する量を減らすことが出来る（注7）。けれども、遺伝子組み換えは、植物の魂を悪魔に売るようなことだと確信している多数の反対者がいる。私が友人、科学者、同様に科学者でない人に遺伝子組み換え作物（GMO）に対する印象について尋ねた時、反応はさまざまであった。「良いアイデアですけど、それらは本当に安全ですか？」「私はモンサント社がやっていることは何でも信じません」「わかりません。あなたはどう考えますか？」。しかし、GMOには多くの種類がある。病原体抵抗性遺伝子を導入することによって、農薬を減らすことが出来る。一方、除草剤抵抗性遺伝子は、ある特定の除草剤の使用を増やす（モンサント社のラウンドアップ・レディ作物［ラウンドアップという除草剤に抵抗性のある遺伝子を大豆、トウモロコシ、ナタネ、ワタ、テンサイなどに組み込んだ品種で、この除草剤を散布すると、作物は残って雑草だけが枯れる」のように）。遺伝子組み換えは、より栄養のある食物を育てるために用いられるが、食物を単により速く育つようにもする（GMOサーモン［アクアバウンティ社が開発した成長ホルモン遺伝子を組み込んだアトランティックサーモン」のように）。

科学者が賛否両論についてなおも話題にする時、消費者がその技術を歓迎することは難しい。あるものはDNAの尊厳について、あるいは花粉が非GMO植物を汚染すること、あるいはトウモロコシや他の製品がBtトキシン［昆虫を殺す微生物バチルス・チューリンゲンシスの毒素。モンサント社がこの毒素を作る遺伝子をトウモロコシ、ワタ、ジャガイモなどに組み込んだ品種を作った。この品種を食べた昆虫は毒素によって死ぬ」を作ることを心配する。憂慮する科学者同盟［マサチューセッツ州の非営利組織］はその使命を、「科学と証拠にもとづいた意思決定の基本的役割を復帰させることによって、アメリカの民主主義を強化する」と述べているが、警告を発する（注8）。しかし、彼等のメッセージには、いくつかのことが混じっている。彼等は健康リスクがしばしば誇張されるか心配性によることを指摘して、次のように書いている。「例えば、GMO作物から精製されたデンプン、砂糖、油のような製品が、これまでのように育種された作物からきたものと異なるという証拠がない」。しかし彼等はまた、ひとたび防除された雑草がスーパー雑草になるか、あるいはアレルギーを引き起こすタンパク質を生産する遺伝子の挿入というような意図しない結果となるのではないかと指摘する。例えば、飼料用の大豆に栄養を増強することを意図して、ブラジルナッツ［サガリバナ科の高木の実］からの遺伝子を組み込んだが、製品化されなかった（注9）。「一つのこととして」と彼等は書いている。「知られていることは十分でない。特定の遺伝子の影響についての研究は限られてきた——そして、情報は企業によって厳密に管理されている」。彼等の主な心配は除草剤抵抗性作物の遺伝子組み換えで、特にラウンドアップへの抵抗性遺伝子である。農業生産者たちが増えつつあるGMO作物に除草剤を使うと、その後、雑草が抵抗性を進化させた。それに反応して、生産者たちは面積あたりの除草剤の使用量を増やすか、あるいはより毒性のある除草剤にきりかえる。これらの除草剤抵抗性の作物は一つのGMO製品であり、GMOの支持者ですらこれが問題であることに同意する。

そうしている間に、二〇一六年に一〇〇人以上のノーベル賞受賞者が、反GMOのグリーンピース［国際的な環境保護団体］に促されて、遺伝子組み換えについての態度を明らかにした。化学者、経済学者、生化学者、そしてその他の医学研究者の集まりである受賞者たちは育種と比べた遺伝子組み換えの「正確さ」を強調した。このグループは特にゴールデンライス［ビタミンA欠乏症を救うために作られた黄色の米］を支援した。これはビタミンAの前駆体［βカロテン］を生産するように操作されたものである。彼等は遠慮なくはっきり言った。

世界中の科学、規制機関は、作物と食物がバイオテクノロジーを通じて、これまでの方法と同じくらい安全に改良されてきたのを、何度も見てきた。それらを摂取した人間あるいは動物に悪影響が確認されたケースは一つもなかった。それらの環境影響については、環境へのダメージが少ないこと、地球規模の生物多様性にとって大きな恩恵となることが繰り返し示されてきた。……私たちがこれを「人類に対する犯罪」と考えている間に、世界でどれくらい多くの貧しい人びとが死ななければならないだろうか？（注10）

グリーンピースは、ノーベル賞受賞者たちが支持するゴールデンライスは米だけから栄養をとることを勧めることになり、かえって栄養失調を悪化させると主張してこれに反論した。「栄養失調を解消する唯一の手段は多様な食品から栄養をとることである。生態学的農業にもとづく真の食事を人びとに提供するには、栄養失調だけを問題にするのではなくて、気象の変化に適応した柔軟な解決が必要である（注11）」

四十年間近く、科学者、生産者、その他の人たちの間で論争が行われてきた。遺伝子組み換え作物は摂取しても安全であると結論する科学的研究が優勢であるにもかかわらず、私たちはなおもGMO生産物への賛否を論議しつづけている。これらの主唱者は、遺伝子組み換え作物は九〇億人を食べさせ、なお地球上に家を作り、遊び、野生動物の保護拡大のために必要な空間を残すための唯一の道であると主張している（注12）。GMO生産物について賛成、反対そしてその中間にあるすべての論議を書くには数千の本が必要だろう。私の目標は農薬の代替品を探求することである。いかにして私たちは、私たちの食物と土の中の化学物質の残留を減らすのか？　ある化学物質に抵抗性を持つ病原菌の出現に対して、別の化学物質が作られても、それに抵抗性のある病原菌が出現する。生産者がこの危険なサイクルに巻き込まれないようにするには、どうしたらいいのか。疫病に感受性のある多くの作物のために、遺伝子組み換えは現在、これをなす唯一の効果的な道である。そして、ジャック・ヴォッセンと共同研究者によって遺伝子組み換えされたジャガイモは、GMO反対者でさえ認めざるを得ない生産物であろう。

突然変異からイオン化放射線、遺伝子組み換えへ

私たちはすべて遺伝的に修正されている。私たちは十億年以上の間にゲノムに起こった、数知れない突然変異によって生きてきた。突然変異は自然に起こる。それは細胞分裂によってDNAが複製される時に起こる間違いである。大部分のゲノム複製の間違いとその固定化は、それを徹底的に探す酵素によって修復される。しかし少数のものは修正されない。この突然変異は精子か卵子の中で起こり、一つの世代から次の世代へと渡される。ある人間の接合子――精子と卵子が結合した――は六〇億以上のDNA塩基対［DNAを構成するアデニン（A）とグアニン（G）およびチミン（T）とシトシン（C）が結合した対」の中で平均一三〇対が突然変異している（注13）。多くは中間的で、良くも悪くもない。そして自然選択の過程ではほとんど重要性がない。しかし、ある突然変異は致死的で、発育する接合子、胚、植物あるいは動物が生殖しそれらの遺伝子を次の世代に渡す機会を持つ前に殺される。少数の有益な突然変異は貴重である。これによって、ある動物がある新しい食物に耐え、あるいはある植物がより多くの種子を送り出し、あるいはより速く成長し、あるいは病気に抵抗するようになる。長い間、植物育種家はこれらの遺伝的な贈り物を運ぶ突然変異に頼ってきた。トウモロコシ、トマト、そしてニンジンは人類のために操作されることがなければ、それほど甘い味ではなかったであろう。

突然変異は単純な間違いによって起こるか、あるいは外的要因によって起こりうる。太陽の紫外線は突然変異の原因となる。コムギ、落花生と他の作物の上で育つ、あるコウジカビ菌によって生産されるアフラトキシンもそれである。ラドンガスから放射されるイオン化放射線は私たちの体を通り、細胞に入った電子がDNAを切り裂き、突然変異を起こす可能性がある。そのリスクは、花崗岩《かこうがん》［ラドンガスの放出が多い］の岩棚や地盤の上にある家に住む人にある。これは、福島第一原子力発電所の事故の時に多くの人が恐れた種類の放射線である。そして、突然変異育種によってより良い作物を作り出すために、果物や野菜の種子に意図的に当てられる放射線もある。毎年、地方の学校の支援で、私はオリジナルに育てられた一籠のリオスター［品種名］のグレープフルーツを買う。その深いバラ色の果肉は数十年前に突然変異によって誘導された製品であり、先祖の種子がイオン化放射線で砲撃されて出来た。一九〇〇年代の中頃は原子力時代のあけぼのであった。そして、数えきれないランダムな突然変異を作り出すのに、放射線が使われた。一九五〇年代の後半まで、標的の花、果物、薬草がイオン化放射線の放出源を中心にした同心円上に植えられているアトミックガーデンは、原子力技術の恐ろしさを隠す原子力の平和的利用を代表するものであった（注14）。原子力時代のよく知られた製品の一つである、これらのピンクのグレープフルーツは、一般栽培と一〇〇パーセント有機栽培の両方で売られている。カリフォルニアの米の半分は、このいわゆる突然変異育種（また、突然変異を起こす化学物質を用いている）の産物である。しかし、これらは「GMO」——少なくとも技術的には——ではない。

アメリカでは、遺伝子組み換え作物は「細胞の外の異なる源から導入したDNAを組み込む技術」という定義によって生産されている。従って、放射線（あるいは、発ガン性の化学物質）によって作り出された作物はGMOではなく、伝統的な育種の延長線上のものと考えられている。これは数千の果物、野菜、穀物で行われている。ある育種家たちはそれが世間の反発を買っているGMO生産物の重要な代替品であると言う。放射線は、病気に抵抗し、苛酷な環境に耐え、より多くの種子をつけ、甘いルビーレッドの果物を生産する突然変異を起こす一つの方法である（注15）。しかし、突然変異による育種は無差別の射撃である。どういうものが出来るか、ランダムで予想が出来ない——おそらく、それ以上である。それに加えて、美しいと思われているものは畸形である。これらの同心円状の輪の中には沢山の病的な植物、あるものは誘導された腫瘍があった。そして他の物は育つにはあまりにも弱かった。アメリカ科学アカデミーの評論によれば、突然変異育種は植物育種の遺伝子組み換えを含む、いかなる他の方法よりも遺伝的混乱と意図しない結果をもたらすようである。だが、この方法で作られた作物はアメリカでは規制されていない。それは、その規制者がその作物が無害であることの評価を要求していないことを意味する。

遺伝子組み換えはランダムな突然変異には頼らない。その代わり、彼等は、その生物種だけでなく、あらゆる生物種のゲノムの中から望ましい遺伝子を探し出す。技術的には、遺伝子組み換えは望ましい形質を目標の種とは交雑出来ない提供種（言い換えれば、自然では出来ない組み合わせ）から、目標の植物あるいは動物に移転することを許す。植物、動物、微生物がすべて公平な遺伝的ゲームの材料である。ポール・バーグが最初に二つの異なるウイルスから取り出したＤＮＡを再結合して以来、四十年近くの間、遺伝子技術者は遺伝子を一つの生物から切り出して、それらをもう一つの生物に挿入してきた。細菌とウイルスから植物と動物へ、一つの植物からもう一つの植物へ、ある動物からもう一匹の動物へ。それは、ある文書から言葉を切り取って、もう一つの文書の中に張り付けるのに似た過程である。――用いられる技術によっては、あまり正確でないことがあるが。遺伝的な言葉（遺伝子）は、ゲノムのどこからでも切り取ることができる。それが導入先に確実に移ったか確かめるのに、求められる遺伝子（たとえば病気への抵抗性）に、目印になるような別の遺伝子（たとえば抗生物質抵抗性遺伝子）を結びつけて組み換えることがあるが、これがあとに残る場合がある（注16）。多くのＧＭＯ技術者は、また遺伝子を転移するためにアグロバクテリウム・トゥミファシエンス［根頭癌腫病菌］に頼る。これは自然では植物に感染して、そのＤＮＡの一つの小さい断片を植物のゲノムに差し込む細菌の一つである。望ましい遺伝子をこの細菌の中に差し込み、それから目標の植物に感染するようにしむけて、科学者はこの細菌を遺伝的荷物を運ぶ生きたＵＰＳ［ユナイテッド・パーセル・サービス：アメリカの貨物運送会社］のように使う。しかし、この場合、輸送車の一部分が運んだ先に残ることがある。一般的な遺伝子組み換え技術についての一つの懸念は、アグロバクテリウムあるいは組み換えが起こったことを示す目印となる外来DNAの残存である。

新たな旗手、シスゲネシス

遺伝子組み換えによる生産物は至る所にちらばっている。最も新しい生産物はジャガイモで、イモに傷がつきにくく、揚げた時に、「おそらく人に発ガン性のある」アクリルアミドの量がより少ない（注17）。微生物、特に生物の体内で遺伝子組み換えされてきたものは薬、ワクチン、そして子牛の胃から分離され、堅いチーズを作る時に必須のレンネットでさえ、この方法で大量生産される。生産物は、よかれあしかれ、一〇億ドルの成功をおさめるものがある一方で、消費者に選ばれずに終わるものもある。最初のGMO野菜はGMO製品がぶち当たる壁を予言するようであった。カルジーン社のフレーバー・セーバー・トマト［日持ちをよくするために遺伝子組み換えで作られた］は一九九四年にデビューし、一九九七年には食料品店の棚から引き揚げられた。――それは消費者の懸念あるいは企業側の杜撰な管理のどちらかを原因として。トマトは遺伝子組み換えの産物として華々しくデビューしたが、製造者は、実際に食べるよりも、生産と輸送に焦点をあててトマトを遺伝子組み換えした。その間に、青果店の棚の上にそのトマトがあることを、ごり押しした。これによって、この「得体の知れない遺伝子組み換え食品」は警戒心を持たれるようになった（注18）。しかし、それからBtトウモロコシが来た。これはGMO生産物への希望と注目度を上げた。

害虫抵抗性作物を作り出すためのモンサント社の努力を記録にとどめた本『Lords of the Harvest（収穫の主人）』の著者であるダニエル・チャールズは、自身を「緑の革命家たち」と見た農業生物技術者について書いた（注19）。彼らは一九七〇年代に現れた科学者たちで、その時レイチェル・カーソン『沈黙の春』の著者」によって非難された農薬の洪水を、バイオテクノロジーによって抑制する研究をしていた。多くの人はまだ、これを農薬の削減への一つの解決策として見ていた。Ｂｔトウモロコシはバチルス・チューリンゲンシスの一つの系統からクローンを取り出した毒素生産遺伝子によって、最初の（種間の）遺伝形質転換ＧＭＯ作物を可能にした。有機栽培者を含む生産者はその細菌が蛾の腸から発見されて以来、小さな棒状の微生物と幼虫を殺す毒素を自然の農薬として頼ってきた。モンサント社が獲得したＢｔ毒素遺伝子は自然を改良する機会であった。繰り返し農薬を散布するよりも、その作物自身が毒素を運ぶとしたらどうだろうか？　一九八〇年代の初めに最初に分離されたその遺伝子は、駆け出しの企業にとって渡りに船であったとチャールズは書く（注20）。Ｂｔ遺伝子はワタ、トウモロコシ、ジャガイモのような作物に挿入されて、特定の害虫を攻撃する殺虫剤の代替品を生産者に提供した。

もし、農薬の削減がモンサント社の初期の生物技術者の目標であったなら、Ｂｔは輝かしい実例である。一九九六年に開発されたＢｔトウモロコシは、いまやアメリカの作物の八一パーセントを占める。そして十五年以上、四五〇〇万キログラムを超える農薬使用を減らしてきた。世界的には農薬使用を四〇パーセント近く削減し、一方で収量を二〇パーセント増加させた（注21）。しかし、標的としない種への毒性の可能性と、野生植物への転移によるＢｔの環境的リスクと対象種の抵抗性の進化についての論争がある。そうであっても、Ｂｔトウモロコシは、ＧＭＯ作物の一つとして広く栽培されている。

また、除草剤に抵抗するように操作された沢山の作物がある。大豆の九〇パーセント以上と、トウモロコシの九〇パーセント近くが、ラウンドアップレディ作物である。作物は除草剤に抵抗するように育種され、それによって、生産者は作物が発芽したあとでも、除草剤によって雑草を枯らすことが出来る。ラウンドアップレディ作物の開発は、栽培システムの中に生産者が買い入れたショットガン結婚［娘を妊娠させた男に父親が鉄砲で結婚を迫る］のようなものであった。あるモンサント社の生物技術者はこのプロジェクトを軽蔑し、環境的に「きれいな」性質のバイオテクノロジーの汚点だと見ていると、チャールズは指摘する。この作物は農薬の使用を減らすものとは正反対のものであった。それらの創造は生産者に耕起をひかえること——土のためには良い——を許した一方、除草剤の使用を増加させた。そして、モンサント社はラウンドアップレディ大豆だけでなく、ラウンドアップレディトウモロコシ、ワタ、砂糖大根、そしてアルファルファを提供し、除草剤によってもたらされた雑草への一様な圧力が抵抗性問題を確実に起こすことに貢献した。除草剤の増加と雑草の抵抗性の問題という二つのＧＭＯに反対する意見があるにもかかわらず、四〇〇〇万ヘクタール以上のトウモロコシ、ワタ、セイヨウアブラナ、大豆、その他が、ほとんど三〇カ国（その多くは開発途上国）で害虫と除草剤、もしくはその両方に抵抗するように遺伝子組み換えされている（注22）。

Ｂｔ作物についての論争があっても、農薬の削減は遺伝子組み換えを認めざるを得ない課題である（注23）。ある昆虫にいる細菌によってもたらされ、フロリダ州の数十億ドルのオレンジ産業を脅かしつつあるカンキツグリーニング病［カンキツが立枯れる病気］に、もしオレンジの木が抵抗したらどうだろうか？　一度は生物農薬で成功をおさめた生産者が今、農薬の集中的使用によって彼等の農産物を救おうと試みている。この全面的な戦争によって潜在的に有益な昆虫捕食者が失われ、地球を生態学的に不毛の地に変える可能性がある（注24）。そのかわりに、リンゴの木が有機栽培生産者のために悪名高く困難な病気である黒星病にもし抵抗出来るとしたら、あるいは、コムギや他の穀類がサビ病とアブラムシに抵抗し、作物の上のその他の寄生者を生かすことが出来るとしたらどうだろうか？ 遺伝子組み換えは被害を減らす助けとなり、生産者が広域的農薬よりも、もっと生物的防除に頼るようになるであろう。前の章で述べた化学的生態学者ジョン・ピケットの「押して引く」システムを思い出そう。もしコムギがアブラムシを撃退し、捕食性のハチをひきつけるフェロモンを放出するように遺伝子組み換え出来たらどうなるだろう？ 作物が毒素を発現するかわりに、野外で試験してきたピケットの作物は（完全に成功しなくとも）昆虫フェロモンで武装されている（注25）。あるいは、もし遺伝子組み換えされた作物が古い方法で——育種で生産された作物と区別出来なかったとしたらどうだろう？ 抗生物質の名札あるいはアグロバクテリウム［遺伝子の移転のために使われる細菌］からの外来ＤＮＡの痕跡がないとしたらどうだろう？ この技術は古典的育種よりも、もっと正確で、確実に突然変異育種よりも好ましい。それをもっと公衆の好みにかなうようにする方法はないだろうか？

遺伝子組み換え作物が農薬の必要量を減らすことには疑いがない。だが、消費者は思い上がった遺伝子の悪さを心配してしりごみしている。私たちは自然に存在しない生きものを作り出すことと、食物の基本的なことについて外国からコントロールされることに慎重である。これらはささいな問題ではないが、ＧＭＯ作物についての、最も基本的な心配を回避する代替品はある。一つは外来の遺伝子を加えるよりも、欠点のある遺伝子を修復することによって作物を生産することである（注26）。もう一つは自然に存在するものと同じ病害虫抵抗性の作物を作ることである。これがジャック・ヴォッセンと共同研究者がやったことである。二〇一五年にこのグループは世界で最初の遺伝子組み換えされた疫病抵抗性ジャガイモの圃場試験をしたが、彼等が言うには、これは私たちが好きな、自然のジャガイモと識別することが出来なかった。これらのジャガイモはこれまでの方法で育種出来るものであった――ただし、それには三十年かかった。ヴォッセンのグループはそれを三年でやった。

ヴォッセンは、遺伝子組み換え作物を作ることと、反GMO主張者による後退の可能性の両方に誇りを持っている。彼が言うには、遺伝子組み換えは決して最終目標ではない。「目標はジャガイモの疫病抵抗性でした」。何かの植物から抵抗性遺伝子を探すよりも、ヴォッセンらは探索をイヌホオズキ（あるいはナス）属に限った。この属はジャガイモを含んでいる。自然に交雑出来るような近縁の植物を用いることによって、ヴォッセンが言うには、「私たちは交雑育種によって出来た作物と識別出来ないような、完全に自然な生産物を作りつつあります。私たちが唯一出来ることは、育種を一〇倍速くすることです」。そして、彼等はアグロバクテリウムを使った遺伝子組み換えのように、外来遺伝子の足跡を残すことなく育種が出来た。それはヴォッセンのジャガイモをこれまでの遺伝子組み換え作物から区別するものであった。

シスゲネシス（シスは「同じ」、ゲネシスは「始め」を意味する）［他の方法で慣行的に交雑出来る近縁植物の間で遺伝子組み換えすること］と呼ばれるこの過程は、はっきりした進歩である。遺伝的に「よりきれいな」作物を作ることによって、この過程はこれまでのGMO作物の弱点を取り除く。シスゲネシスは外来の風景の中ではなく、親しい遺伝的領域の中に新しい形質を導入することによって、意図されなかった結果への不安を解消する。それに加えて、有益な性質を持った作物をより速く作り出す。ジャガイモは古典的な育種技術を用いて、病気に抵抗性のある多くの近縁のものと交雑することが出来る。しかし、野生の種は遺伝的荷物を持っていて苦みや毒素のような望ましくない形質を含んでいる。市場に出す前に、この望ましくない性質は育種で除かなければならない。そのための戻し交雑［AとBとを交雑して出来た子孫を、両親のAあるいはBと交雑すること］は数十年かかりうる。疫病のような脅威に生産者は数十年も待てない。二〇〇九年にトマトに発生してから、疫病は東海岸沿岸で毎年発生するようになった。歴史はその野火のように広がる能力をちらりと見せている。その上、疫病の適応性は、次々と出る殺菌剤を役立たないものにする一方、自然的育種のまわりで進化することを意味する。インフルエンザによく似ているように、疫病は捕らえて殺すには扱いにくい病原体である。しかし、それは克服出来ないものではない。

自然に近づく技術革新

野生のナス属の植物は長らく疫病を回避してきた。一つの理由は遺伝的に多様な個体が、互いに離れた場所で自然に育ってきたことである。それに比べて、単作する作物は生態を変える。数千の遺伝的に同一な個体が〇・四ヘクタールごとに生育していることは、病気の発生には好都合だ。そして、私たちが免疫システムを持っているのとちょうど同じように、植物もまた、免疫を進化させてきた。ジャガイモとその近縁種の中には、抵抗性遺伝子が受容タンパク質を生産し、それがフィトフトラ［疫病菌］と特異的に相互作用するが、これらの遺伝子の唯一の活動は病原体を認識することである。一度侵入が警告されると、感染した細胞は防衛的な自殺に取りかかる。疫病が生存するには生きた組織が必要なので、引き起こされた細胞の死は病原体を挫折させる。

このシステムが良いのは、植物の受容体とフィトフトラのタンパク質が、継続中の進化の戦争に閉じ込められることである。猫とネズミの永久につづくゲームのように、野生の状態では、疫病は植物の免疫システムから逃れるタンパク質の異なるセットを進化させる一方、植物はもう一度疫病を認識する受容体を進化させることによって、彼等自身を保つ。しかし、単作のジャガイモでは、異なるゲームがある。大きさと味をよくするために育種され、毎年種イモで植えかえられる、私たちのジャガイモには進化する見込みがない。疫病のように常に変化する病原体に抵抗するには、作物の受容体は極めて柔軟である必要がある。「これが、私たちが育種家に提供するものです」とヴォッセンは言う。「多様な抵抗性遺伝子です」。ヴォッセンと共同研究者は一つの抵抗性遺伝子を短期間にジャガイモの中に取り込んで育種するだけでなく、抵抗性遺伝子のセットを挿入することが出来る。多数の遺伝子は疫病を逃げにくくする（医師がガンを化学物質の組み合わせで処置する時に、同じような戦略を用いる）。「ジャガイモでは、これまでのような交雑育種によって多様性を得ることが出来ないということです」

シスゲネシスによるジャガイモの圃場試験の姿はめざましいものである。エメラルド色の葉を一杯につけた、たくましい植物が、縮れた褐色の葉がまだ茎についた死んだ兵隊のようなものの隣にある。これは外来遺伝子の「お荷物」のない疫病抵抗性である。しかし、この作物はあるＧＭＯの汚名を着せられている。「シスゲネシスが遺伝子組み換えと認識される限り」とヴォッセンは言う。「それらをＥＵ市場で販売出来るとは思いません。もし、彼等がＧＭＯとは異なるものと考え、区別して規制するならば、未来があるでしょう」。ヴォッセンが勤めるオランダのヴァーヘニンゲン研究所は知的財産（ＩＰ）を研究所で保持することによって、ある会社が技術を独占して他社を閉め出さないように、その遺伝子あるいは抵抗性植物を扱おうと思う組織に非独占的な免許を提供している。ヴォッセンが言うには、大部分の人びとはシスゲネシスによるジャガイモは遺伝子組み換え作物ではないことに同意している。欧州食品安全機関（ＥＦＳＡ）でさえ同意している。欧州連合（ＥＵ）によって、ＥＦＳＡの遺伝子組み換え研究班はシスゲネシス作物についての意見を発表することを要請された。彼等はその作物は無罪であることを認めた。ＥＦＳＡはシスゲネシスによる作物に潜在する危険はこれまでのように育種された作物の場合と違いがない一方、遺伝子組み換え作物は新しい不可知のリスクが生じうると結論した（注27）。不信任投票にもかかわらず、グリーンピースは、この技術を頑固に拒絶したままである。これはヴォッセンをいらだたせる。「私たちは農薬を減らすことを望んでいるという点で彼等と同じ目標を持っているのに」と。

シスゲネシスはひたすら前進する。Ｊ・Ｒ・シンプロット社［アメリカ最大の冷凍ポテト生産会社］の最新の生産物「インネートポテト」は、傷つきにくく、揚げた時に発ガン性の恐れのあるアクリルアミドが少ないというもので、ヴォッセンの方法に近い過程を用いて作られた。ただし、このジャガイモもまた好ましくない形質の発現を打ち消すように遺伝子組み換えされている。二〇一六年にインネートポテトはＦＤＡの許可を受けた。ただし、シンプロット社によれば、彼等はなおもＥＰＡ［アメリカ合衆国環境保護庁］の登録を待っている（注28）。さらなる選択肢は、すべて自然に近い方法で遺伝子操作を可能にすることである。これらの一つが遺伝子編集――機能の悪くなった遺伝子を治療するのに似た過程――である。特に、いわゆるＣＲＩＳＰＲ［クリスパー］（ＤＮＡ配列の中に短い回文性の配列［前から読んでも、後ろから読んでも同じ文字配列］が規則的にあること）を利用する技術が遺伝子編集をとても安価に、より容易にしたので、クリスパーはある意味で遺伝子組み換え技術を「民主化」するだろうと言われている（注29）。クリスパーは細菌が昔から持っている酵素システムであって、侵入したウイルス（バクテリオファージ）の遺伝子の一部を切り取って破壊するために使う、一種の免疫機構である。技術者は、このクリスパー技術を使って、より速く、正確に遺伝子を撹乱したり編集したりすることが出来るという展望を持っている。これらの同じ酵素は植物あるいは動物の細胞を標的にして用いることが出来る。シスゲネシスによる多数遺伝子の抵抗性ジャガイモを有望なものとすることについて、定年退職してからだいぶ経つフライは、病原体が抵抗性のまわりで進化する能力に対して、警告を加える。「フィトフトラ・インフェスタンス［疫病菌］は、ある寄主の中にある多数の抵抗性遺伝子を確かに克服することが出来ます」。そこで彼は生産者と同様に開発者が、彼等のすべての卵を一つの籠の中に入れないようにと勧める。そのかわりに、彼等は遺伝子組み換えを、その作物の免疫反応を改良する戦略と組み合わせ、あるいは感受性のある系統の出現を阻止するために、低いレベルの殺菌剤を用いるべきである。

銀の弾丸［難題への保証された解決策］はない。農業においても医療においても、すべての病気を治し、避けるような唯一の方法はない。しかし、それぞれは前進への一つの足がかりを提供するであろう。農薬への依存を減らし、価値ある抗生物質を保持するような技術革新はある。あるものは、ちょうど市場を作りつつある。別のものは効能と安全性を評価する費用のかかる、しかし必要な審査を通過しつつある。試験の要求項目は過度にわずらわしいか、あるいは十分に厳密ではないかもしれない。警戒と試験の間の正しいバランスを見出すことは常に苦闘である。しかし、私たちが自然により近づいて研究するほど、私たちの介入はより自然の道理に従うであろう。

食品の遺伝子組み換えについて人びとの議論が熱すぎるのは、気がつけば、倫理の領域に入っているからである。しかし私たちが遺伝子組み換えの道徳について争っている時でさえ、科学者はインフルエンザ、HIV、ジカ熱、エボラ出血熱のような病気に取り組むために遺伝子組み換え技術を用いつつある。これらの病原体において、科学者はワクチンが私たち自身の免疫システムからの応答をよりよく刺激することが出来るように、遺伝子組み換えをしつつある。

第6章　次世代のワクチン

髄膜炎の脅威

アメリカ海軍から復員したばかりの頃の私の父は、リンゴのほっぺたをした二十歳で、青春時代を大学で過ごすことを楽しみにしていた。その時、メニンギティス〔髄膜炎〕に侵された。それは一九四六年のことで、最後に覚えているのは家の浴室で歯を磨いていたことだそうだ。次の十日間、意識を失って病院のベッドに横たわり、彼の体は眼に見えない細菌の侵略者を撃退していた。新しい特効薬のペニシリンに助けられて、彼は生き延びた。しかし完全に無傷ではなかった。回復して間もなく、発作によってショック症状になり、脳は感染によって傷害を受けたのである。父は以後、強力な抗てんかん薬による体調管理が必要になった。

髄膜炎は脳と脊髄のまわりの組織が腫れることを言う包括的な言葉である。特定のウイルス、菌類、そして傷が発生のきっかけとなるが、最も恐ろしく、致死的な原因は細菌感染である。細菌による髄膜炎は一日以内に人を殺すか、命をとりとめたとしても、生存者は手足を切断するか、聴覚を失うか、あるいは脳卒中を残すことがある。私の父は比較的幸運であった。髄膜炎の難治な原因菌はナイセリア・

メニンギティディスで、この細菌は人びとの集まる場所で最初に広がるように適応している。それは新入社員の宿舎、サマーキャンプ場、デイケアセンター（保育所）、軍隊の兵舎などで見つかる。私たちの五〜二〇パーセントは鼻と喉の中にナイセリアを持っている。そして食事をしたり、回し飲みしたり、キスしたりして知らず知らずに広がる。私たちの大部分は病気にならない。しかし、少数の人がこの感染によって今日にでも死ぬかもしれないのだ。

一九六〇年代に、四年の間大発生がつづき、カリフォルニア州のフォートオード地区で一四人が亡くなった。その時、点在する軍事基地が一週間に一〇〇〇人の新兵募集を行い——それがナイセリアの温床となった。ある研究によれば、基地の訓練——八週間、汗を流して働き、食事、そして仲間との飲酒——の終わりまでにこの細菌を運ぶ新兵は全体の二〇から九〇パーセントを占めるに至った（注1）。そこではワクチンが手に入らなかったので、予防のための選択肢は、先を見越した広範囲の「化学的予防法」であり——それは、抗菌剤のサルファダイアジンの投与であった。これは、私たちが微生物群あるいは抗生物質抵抗性の迫り来る危機を知る以前の出来事であった。ナイセリアの系統は不可避的に薬に抵抗性を持ちはじめ、それは多くは使われなくなったけれども、最近まで、広域的予防的な抗生物質や抗菌剤の投与は、ナイセリアに対する唯一の選択肢であった。

軍隊の新兵における髄膜炎の脅威は、この病気がまわりのコミュニティに広がり得ることとあいまって、ワクチンの製造をうながした。一九六九年に新兵に試された最初のワクチンは、高い効果をあげたが、その効果は限定的だった。それは病気の発生を減らしたが、病気の原因となる一二の血清型（同じ系統のメンバーであるが私たちの免疫システムによって違いが認められる）の一つに効果があるのみだった。この二年後、アメリカ合衆国陸軍訓練生に髄膜炎ワクチン投与が必須となった。数年後、他のワクチンも手に入るようになり、これは四つの血清型を防御した。しかし、限界があった。ワクチンを若者に投与した場合、その効果はごく短期間に限られる。最も効果的な反応の一つである、いわゆる免疫記憶［ある病原微生物に対して一度免疫が出来ると、それが持続して、同じ病原微生物が来た時に有効となる］を刺激することはなかった。そのため、効果が期待出来るのは国民のうちのごく一部に限られた。

私の子どもたちは一九九〇年代に産まれた。彼等が学校に入学する時まで、沢山のワクチンを与えられてきた。それらは、ハシカ、破傷風、おたふく風邪、ポリオ［小児まひ］、水疱瘡、そしてヘモフィルス・インフルエンザ［インフルエンザ］とストレプトコッカス・ニューモニエ［肺炎レンサ球菌］（これら二つは髄膜炎の重要な原因である）を防御するためである。しかしナイセリア・メニンギティディスに対する効果的なワクチンは、まだ作られていない。それから、二〇〇五年に、ちょうど彼等が中学校の、汗にまみれたロッカールーム、チームスポーツ、そして瓶詰め飲料を分けあうという新しい学生環境に入る時、ナイセリア・メニンギティディスの血清型の集合に対するワクチンが手に入るようになった（注2）。アメリカでは、特にサハラ以南のアフリカのいわゆるメニンギティス・ベルトに比べれば、発症は稀であるけれども、私はほっとした。彼等が罹っていないもう一つが例外としてある。

その例外は、メニンギティスBと呼ばれる血清型あるいはメンBである。稀ではあるが、この感染はワクチン製造者を数十年間イライラさせてきた。それはどこでも突然に起こるように見える。そして誰かを数時間以内にひどい病気にする（注3）。二〇一三年のカリフォルニア大学の大発生ではラクロスの新人選手の一人が重篤となり、両足の切断となった。他に四人の学生が感染した。大学は予防的な抗生物質を五〇〇人の学生に提供することを余儀なくされた。その翌年、プリンストン大学［ニュージャージー州プリンストン］で始まった大発生は、ドレクセル大学［ペンシルベニア州フィラデルフィア］の学生の命を奪った。（注4）。二〇一六年の一月にメンBは三つの異なる大学を攻撃し、一人の学校職員を死亡させた（注5）。現代の病気予防の「黄金時代」においてさえ、メンBは手に負えないままでいる――今のところ。二〇一五年にFDAは二つの新しいワクチンを許可した。それらの一つ、ベクセロと呼ばれるワクチンは二十一世紀の技術なしには製造されなかった。ゲノム学における進歩は、完全に未知であった病原体の姿を明らかにし、これらの敵と闘うための新たな選択肢を提供している。

我々の免疫システムは最強である

ワクチンは私たちの免疫システムと共に働く。人の免疫システムは特別なものである。それは疱瘡、梅毒、コレラ、そしてその他の感染性病気との長年にわたる闘いの産物である。人類出現のはるか前から、大小の動物はウイルス、細菌そして他の極小の侵入者を防いできた。その結果、人の遺伝子の三〇のうちの一つ――ほぼ三パーセント――は免疫あるいは防御に関係したタンパク質を暗号化している（注6）。病原体が侵入した時、私たちの免疫システムはそれを検出し、破壊し、そして予防する。そこでは、活発に動く細胞と伝達者が常に監視を行い、決して眠らない。それは私たちの体に入ってくる病原体への絶え間ない攻撃を通して変化するシステムであり、危険に反応する一方、それ以外のものは無視する。皮膚、粘液、胃酸、そして多くの微生物を通じて、私たちの微生物群（そして彼等が生産する抗微生物物質）を呼び、防衛の第一線に立たせるが、これらの防衛線は時には突破される。この時、他の「生来」の免疫防衛——化学的防衛の武器庫から放たれ、侵入者を貪り食うか殺す細胞——が働き出す。継続する闘いは私たちの体温を上げ、関節の痛みで床《とこ》につかせる。これは免疫が活動している証である。そしてそれは、私たちの体が特異的でない防衛のために払う代価である。しかし、この先天的な反応はまた、適応免疫と呼ばれる、より特殊化した反応が働くための時間をかせぐ。

感染して数日か数週間以内に、適応免疫システムは特殊な抗体［侵入者を攻撃する物質］をドンドン作り始める。この抗体は働きバチのように侵入者を攻撃することが出来る。人体はまた、キラーT細胞［細胞傷害性細胞］を生産する。それは抗体のように、特定の侵入者を特殊な分子あるいは抗原［抗体が作られるもとになる物質］を識別することによって目標とする。この適応免疫システムの各細胞は、選ばれることを待っている免疫細胞の巨大な貯蔵庫から招集される。私たちの骨の中深く、新しい血液細胞が生まれる場所があり、その中には免疫細胞も含まれる。

攻撃を受けると、最も効果的な抗体を生産する細胞が生き残り、分裂し、クローンを作る。この過程は継続し、特異性を除々に発揮して抗体を精製する。一週間か二週間以内に侵入者に最も適合した抗体で完全に武装される。血漿［血液の液体成分］の中を循環する抗体は生化学的な監視システムのようで、特定の病原体を破壊する。ところが、ある病原体が細胞の中に入ると、抗体はあまり使われない。HＩVやマラリアのような最もずるがしこい病原体は細胞の中に隠れ、その根絶を難しくし、病気の再発はほとんど避けられない。しかし、私たちの免疫システムは、こうした事態のために用意されている。細胞の中にはフードプロセッサーのような分子があり、病原体の抗原を細かくし、その小片を掴み、それを細胞の表面に提示する。この細胞は効果的な一種の信号を出す。「ヘーイ、私は侵入されました。だから全体を守るために、自らを犠牲にするように準備します」。キラーT細胞はこの信号を認識して、感染した細胞が自滅するのを助ける。

適応免疫システムはまた、私たちに免疫的な宝物を提供する。それは免疫記憶である。不愉快な病原体が去ったあとしばらく、一組の免疫細胞は循環しつづけ、見張り番として活動する。もし先週私たちを攻撃した風邪がぶりかえすと、この免疫細胞は数日の間、はるかに速く反応するであろう。そのため最初にそのウイルスに出合った時よりも、より軽いか、異なる症状が出るか、あるいはぶりかえしたことに気がつかないだろう。もちろん、私たちは無敵ではない。もし免疫力が弱っていて、強い病気の攻撃を受けたら、免疫システムが完全に武装する前に闘いに敗れるかもしれない。しかし、もしワクチンであらかじめ備えておけば、心配はない。免疫システムのための戦争ゲームのように、ワクチンは将来の侵入に備えて私たちの免疫防衛を準備する。

多くの命を救ってきたワクチン

私の子どもが六歳になる頃には、少なくとも一〇種類の致命的な病気に対するワクチンによって教えこまれた免疫細胞が、彼等の体を循環していた（免疫細胞は、いかに多くのウイルスと細菌にさらされてきたかを記憶している）。アメリカでは私の両親の世代と私の子どもの世代の間で、ワクチンは数億の病気と数百万人の死を予防してきた。二十世紀に世界中で記録され推定された死亡者数は、私たちの脆さを物語っている。天然痘は四億人を死に追いやり、ハシカは九七〇〇万人、百日咳は三八〇〇万人、マラリアは一億九四〇〇万人、インフルエンザは三六〇〇万人、そして一九一八年の「スペイン」風邪は（少なくとも）四〇〇〇万人が亡くなった（注7）。同じ期間に戦争でちょうど一億人が殺された（注8）。私たちは残酷さと暴力に対してワクチンを使うことは出来ない。しかし、病気に対抗することは出来る。地球を横断するような伝染病の感染はまだほとんどなかった。

今日、およそ八六パーセントの子どもは、ポリオ、ジフテリア、破傷風、そして百日咳に対して免疫が与えられている（注9）。しかし私の上腕にある天然痘ワクチン接種の丸い傷跡は、私の子どもにはなじみがない。天然痘は人間が「野生」（凍結した株がいまだ存在するので、その破壊が必要とされている）で消滅させた最初で唯一の微生物である。天然痘が、アメリカで最後の犠牲者であったテキサス州の三人の子の母のリリアン・バーバーを殺した約二十五年後、天然痘ワクチンは製造計画から外された（注10）。その数年あと、一九七七年に自然に発生した天然痘が、世界で最後の死亡者を出した（注11）。このワクチンはあまりに成功したので、最終的には必要がなくなってしまったのだ。世界中の衛生従事者はポリオワクチンも同じようになることを望んでいる。これらは成功事例である。しかし失敗もある。結核、マラリア、HIV、そして、最近までメニンギティスBはワクチン製造者をいらだたせつづけてきた。そして、危険はまだ残っている。特に開発途上国において。エボラ出血熱とジカ熱のような他の病気があっという間に現れて、ワクチンの準備に油断しているうちに、私たちを捕らえた。不幸にも、新しい病原体の発見からワクチンが開発され一般に普及するまでの間には十年が必要である。

二〇一五年に、ジカ熱が南アメリカ全域を襲った。それがアメリカに及ぶ前に、アメリカ国立アレルギー・感染症研究所の所長であるアンソニー・ファウチは、どれだけ迅速なワクチン開発が可能かを尋ねられた。開発計画が早まったもので、開発中のもので、ファウチが提供出来る最良のものは、おそらく十八ヶ月後であった（注12）。それはワクチン製造者が、デング熱と黄熱病のウイルスのために開発した現存のワクチンをもとにして、新しいワクチンを作れる場合であって、ジカ熱のような発育中の胎児の胎盤を移動する病気については、さらに一年半も遅くなる。また、ワクチンのもとが存在しないので（この特別なワクチンが成功すると想定して）、ジカ熱のワクチンは製造から試験までに数年かかるにちがいない。二〇一六年六月にジカ熱のワクチンの臨床試験がＦＤＡの認可を受けた。これは数年がかりの開発過程の最初の段階である。ジカ熱以外のワクチンの開発は、それらが試験を許可された後になる。

ワクチン接種の概念は簡単である。もはや全く病気の原因とならないように弱めたり、殺されたりした病原体あるいは病原体の破片を接種することによって、その人の免疫システムを刺激する。しかし、病原体は多様であり、一つの病気に働くワクチンは他のものには働かない。あるものは全く単純で——例えば、弱められたか殺されたポリオのウイルスは持続的な効果を発揮する（二〇〇〇年から、アメリカでは死んだポリオウイルスのみを用いてきた）。私が子どもの頃、生きているが弱められたポリオとおたふく風邪とハシカのワクチンを接種された。その後の世代、私の子どもたちの注射液は、不活性化されたか殺されたウイルスあるいは微生物の断片で満たされていた（注13）。子どもたちは今日、おたふく風邪、ハシカ、そして風疹の弱められたウイルスワクチンを接種されている。

これらの二十世紀のワクチンの多くは、ウイルス学者でワクチン開発者のモーリス・ヒルマンによって作られた。彼はメルク社［アメリカの製薬会社］でキャリアの大部分を過ごした。私の子どもたちが受けた、おたふく風邪のワクチンはヒルマン自身の娘、ジェリー・リンが一九六三年に感染した、おたふく風邪ウイルスに遡る。彼が物語るには、ある夜、彼女は喉の痛みを感じて目覚めた。ヒルマンは、彼の顎の下の腺を指し、彼の手を伸ばして「おお神様」と言い、「彼女の喉はこんなだった（注14）」と言う。稀ではあるが、おたふく風邪の合併症は、聴覚喪失から生命を脅かす髄膜炎まである。当時ワクチンはなかった。そこで、ヒルマンは実験室に駆けつけ、綿棒で娘からウイルスを採取しワクチンを製造した。三年後、彼は一歳の娘、キルステンを彼がジェリー・リンから採取して開発したワクチンで処置した。「一人の幼児が彼女の姉のウイルスによって守られたのは、医学の歴史の中で唯一のことであった……それは興味深い物語だった」。二〇〇五年に亡くなったヒルマンは数ダースのワクチンを開発しただけでなく、彼以前のいかなる科学者よりも多くの生命を救ったことで賞讃されている。しかし、二〇一三年、科学雑誌『サイエンス』の二十世紀のワクチン開発についての論説に書かれているように、「生きたか殺され／不活性化されたワクチンの自然の感染の直接的模造品によって開発されたワクチンの大部分は、二十世紀の後半までに出そろってしまった（注15）」。言いかえれば、おたふく風邪のような、最も治療しやすい病原体は管理された。ワクチン製造者に残されているものは問題のある病原体である。例えば、インフルエンザウイルスは、あまりに速やかに進化するので、ある年のワクチンは次の年には効果がない。ワクチン製造者が来たるべきシーズンのインフルエンザを予測し、ワクチンの系統を見定める確率は上がっているが、時には当てそこなう。あるいは、マラリア寄生者が、あまりにも多様な発育段階を経過し、肝臓の中と外を動き、そして血液細胞［マラリアは赤血球の中に寄生する］が循環する抗体を避けることを考えてみよう。ＨＩＶは免疫細胞に侵入し破壊することでその源を攻撃するだけでなく、インフルエンザのように頻繁に変化する。それから、メニンギティスBがある。これはそれ自身の分子を人間のものにあまりにも似せて変装するので、人の免疫細胞はこれを「侵入者」でなく「自身のもの」と見る。そのため闘わない。これらは二十一世紀のワクチン製造者の試練である。これによって、ワクチンに対する信頼がなくなりつつある。皮肉にも、前の世代の人たちが苦しんだ感染症を免れた、ワクチンから大いに恩恵を受けた人たちの中に、ワクチン批評家がいる。

ワクチンへの不安と期待

しかし、どんなに多くの生命を生きたワクチンが救おうとも、ワクチン接種は医学的介入である。私たちは新生児と歩き始めた幼児に注射する。――彼らは社会の最も傷つきやすいメンバーであり、自分で自分のことを決めることが出来ない。両親は子どもたちが、あまりに多くのワクチンを一度に受けることを心配する。別の者はワクチンを殺し保存するために用いられる、ホルムアルデヒドとエチル水銀のような有毒な化学物質を懸念する。ある者はワクチンが病気の拡散に加担しているという説を信じる。そして、多くの人はMMRワクチン［ハシカ、おたふく風邪、風疹の三種混合ワクチン］（これもヒルマンによって開発された）が自閉症の原因になるとの疑いを持つ研究があることに恐怖を感じてきた。これらの懸念には科学的根拠のないものが含まれている。私の世代――数百万人の子ども――が受けたポリオワクチンの一部は猿のウイルスSV40によって汚染していた。一九六〇年代まで、ポリオワクチンはミドリザル［サハラ以南のアフリカに棲む猿］の細胞から育てられ分離されていた。ヒルマンと一人の共同研究者がそのウイルスを発見した。二年後に別の研究者がハムスターにガンのような腫瘍が生じることを報告した。ワクチン製造者が猿の培養細胞を人の培養細胞に取り替えた時まで、ベビーブームで生まれた推定一億人にワクチンが接種された。五十年後、数々の指摘と研究報告が出たにもかかわらず、そのウイルスが人間のガンの原因となったことは発表されなかった（注16）。

毒性を弱めた生きたウイルスで作られたワクチンは、高い効果が持続する免疫反応を導く傾向がある。野生のワクチンが人間以外の細胞を通ることによって（ウイルスがニワトリ、あるいはマウスの胚あるいはモルモットの細胞で成長を維持する）、ウイルスは時を経て進化し、人間よりも新しい寄主の方により感染しやすくなる。あるワクチンでは、弱められたウイルスは生存し、免疫反応を刺激するのに十分なだけ増殖し、かつ病気を起こさない。稀に、弱められたウイルスが取り除かれる前に突然変異して、そのもともとの感染性の形に戻ることがある。ある推定によれば、生きたウイルスのポリオワクチンを受けた二七〇〇万人のうちの一人が、ワクチンに由来するポリオを発症するリスクがある（注17）。一九七九年に最後の大発生が起こったアメリカでは、生きたワクチンはもはや与えられていない。しかし、依然としてポリオが問題となっている国々では生きたワクチンが最も効果的と考えられている。

ワクチンが予想外の結果をもたらす一方、それらが過去の世紀に生命を救うために果たした役割（そして今も果たしている）は偉大であった。今、ワクチン製造者は最も難治な病原体のあるものに対して、ますます安全なワクチンを開発する手段を持っている。――そしてそれは製造に時間がかからない。

生涯をワクチン製造に捧げる人たちは大きな科学的共同体に属している。ウイルス学者、細菌学者、原生動物学者、免疫学者、ワクチン学者、遺伝学者、そして技術を教える大学、連邦政府の研究所から大製薬会社まで、至る所で働いている。アメリカ国立アレルギー・感染症研究所は一年間で四〇〇以上のワクチンに関係した研究プロジェクト（多くは多年度）を立ち上げ、四八〇億円以上の基金によって支援されている。そして、これは、私たちが致死的かあるいは衰弱させるような病原体に出合うかもしれないことへの対策の一部にすぎない。他の連邦政府機関、私的組織、そしてベンチャー起業家によって資金を得ている研究がある——その他、アメリカ以外の多くの研究所がある。

ワクチン開発は病気の防衛のために最も期待されているものだが、それはまた、数兆円のビジネスでもある。現在二兆円以上と推定されるワクチン市場は、二〇二〇年までに六兆円を超えることが予測される（注18）（病原体に加えて、ワクチン製造者は、今、ある種のガンを目標にしつつある——これは魅惑的なトピックである）。この事業は急拡大しているが、リスクが大きい。研究者たちは彼等の労働の果実がエボラ出血熱、ロタウイルス［新生児の胃腸炎］、クロ・ディフ、マラリアあるいは私たちを苦しめる何かから救うという確証がなくとも、数年は働くことが出来る。彼等は新しいワクチンを発見し、現在あるワクチンの効果を改善し、これらがもっと入手可能で、どこでも利用しやすくなるように働いている。病原体が免疫反応の起こる場所に浸透し、B細胞、T細胞［いずれも免疫細胞］、抗体［病原体に結合して、その効力を失わせる分子］、エピトープ［抗体が結合する抗原の一部］、抗原［病原体あるいはその分子の一部、ワクチンはその代わりになる］、そして、寄主と病原体の間の古い争いの一部として進化した無数の生化学的分子の複雑な反応を始動させる。効果的なワクチンは地球規模で生命を救う。しかし開発は、発見から臨床試験まで費用のかかる退屈なものである。——そこでは多くの有望な候補が失敗する一方、貴重な少数のワクチンが勝つ。ワクチンを作ることは、地球規模で良いことをしたいと思う楽天家のための事業である。

進化をつづけるワクチン開発

ロードアイランド州プロビデンスのエピヴァックス社［アメリカの製薬会社］でワクチン開発の主任であるレニー・モイズは、楽天家の一人である。抗体が沢山ある中で、最小限の素材と手法によって効果を上げるると自ら宣言するモイズは、今日の技術力の高さを強調する。「私たちは、ワクチンと、それらが発揮する免疫反応を特徴付けることが出来る道具を持っている時に、よくわからないものを誰かに注射することは出来ません（注19）」。エピヴァックス社は、（大学、連邦政府、そして共同研究者と共に）より効果的なワクチンの中に情報を組み込むことによって病原体と闘っている小さい会社である。彼等はその努力を遺伝子からワクチンへの、あるいはゲノムを基礎にしたワクチン開発と呼ぶ。あるものは、それを逆ワクチン学と呼ぶ。それは研究者が、実際の病原体の上に免疫活性のある領域を探すのではなく、その病原体のゲノムから免疫研究を始める。情報科学とゲノム技術を組み合わせることによって、開発者は病原体の遺伝子配列まで知るだけでなく、いかに免疫細胞が反応するかを予測する。——一滴のワクチンが注射器に入る前に。これらは次世代の遺伝子組み換えによるワクチンであり、モーリス・ヒルマンと共同研究者が一九八六年に単一のウイルス抗体にもとづいてB型肝炎の操作に失敗した土台の上に作られた（注20）。アメリカでは、この病気は深刻な殺人者とは考えられていなかった。そして、B型肝炎用のワクチンが治療に使われたケースはほとんどない。しかし、このワクチンの誕生は大ニュースであった。

B型肝炎は血液と体液を介して感染するため、世界中で数十億人の感染者がいる。最大のリスクがあるのは、性的パートナーを多数持つ者、IV薬物［薬物の静脈注射］を用いる者、あるいは保健従事者である。ワクチンが手に入る前には、肝臓ガンの八〇パーセントは慢性B型肝炎が原因となっていた。ヒルマンと共同研究者によって開発された最初のワクチンは、一九八〇年に認可され、感染者の血液の中を循環する単一の抗原（オーストラリア抗原と呼ばれた）に頼っていた。そこでは、ウイルスの小片が病気を起こすことなく免疫システムを刺激する。このワクチンは画期的なものであった。それは、人の血漿［血液の液体部分］に感染した抗原の最初の源でもあった。このワクチンは、いかなる生きたウイルスにも汚染しないように精製されており、一九八〇年代に大いに売られた。その時期には、HIVが致死的な血液由来の感染として、しばしばB型肝炎ウイルスと共に発生していた（注21）。同じ効果的な抗体にもとづく、より受け入れやすいワクチンを探して、ヒルマンは、抗体の遺伝子配列を調べ、その遺伝子を酵母の細胞に挿入することに成功したカリフォルニア大学サンフランシスコ校の共同研究者と仕事を進めた。その結果、ワクチン製造用の血液に入っていたウイルスのリスクのない純粋な抗体を得た（注22）。この「レコンビヴァックスHV」というワクチンは最初に認可されたB型肝炎の遺伝子組み換えワクチンで、一九八六年に売り出された時にはニュースとなった。それは新しい薬剤で、来るべき未来を予感させた。ニューヨークタイムスによるインタビューで、当時のFDAの長官のフランク・ヤングはこれを歴史的な革新と呼んだ。「この進歩はこれまで実用的でなく、安全性が疑われ、作れずにいた他のワクチン製造の扉を開きました」と彼は言った。「遺伝子組み換えは、マラリア、住血吸虫症、フィラリア症［象皮病］、そして、免疫不全症候群によるウイルス病のような寄生性の病気に対するワクチン開発のためにすでに活用されつつあります」と彼は付け加えた（注23）。これは三十年前の話である。この技術は有望ではあるけれども完全ではなかった――まだ。

ゲノム学の進歩は、高速コンピューターと大量計算プログラムと組み合わされて、科学者たちに病原体の遺伝子配列、とりわけ、ワクチン製造者にとって解読が必要なものを丹念に調べることを可能にした。これらの新しい戦略はマラリア、ＨＩＶ、結核に対する、より効果的でより安全なワクチンを、そして、いつかジカ熱のような爆発的な流行を阻止するワクチン開発へと導くであろう。あるワクチン製造者は病原体の遺伝子を操作し、腸チフスのような病原体の全体から毒性の遺伝子を取り除く一方、微生物が病原性の形に先祖返りすることを避ける。モイズを含む他のワクチン製造者は、病原体を最小の抗原小片になるまで壊し、ＤＮＡ分子を紐状に組み合わせることによって、ワクチンを構築している。モイズと共同研究者はワクチンが、その病原体だけに効くようになる日を心に描いている。

シークエンシング技術［ＤＮＡの塩基配列を解読する技術］は、コンピューター演算法と組み合わされて、候補の対象の分子（抗原決定基と呼ばれる――免疫システムによって認識される抗原の小片）を特定し、最も適合する組み合わせを探すのに使うことが出来る。「最小限主義者の一人として」とモイズは言う。「私はこれがとても好きです。防御に必要な分子以上の情報を取り出すよりも、必要な引き金の分子の情報だけを得ることが出来ます。――これで、ずっと効率が良くなります」。すべてのワクチン研究者が、これが前進のための最良の道であると考えるわけではない。そして、なぜ、全体の抗原を使わないのか？とたずねる。引き金となる分子の情報だけを得ることは、病原体が検出を免れる道を進化させるように導くかもしれないと心配する。また、これらの方法が個体と生物学的な複雑性を扱えなくなるのではないかと不安を抱いている。それはワクチン製造者を振り出しに戻す――これは税金や投資家の資金を無駄にする。インフルエンザのような場合には、さまざまな系統と亜系統に対して効果があるワクチンを持つ方が良いと彼等は主張する。要するに、一つのワクチンがすべての系統（あるいはそれらのうち少なくとも幾つかの系統）を支配するようにと言うのである。

「信じる人と信じない人がいます。私は最小限主義者の方法と、それに対する論争を見ています」とモイズは言う。彼は、いかに最小限主義が感染性の病気とガンの両方に有望であるかを示す動物研究を引用する。そして彼は特異性がワクチンの副作用を減らせると信じている。モイズが説明するように、「私たちは今日、防御的免疫を動かす病原体の鍵となる要素を特定することで、コンピューターを用いてワクチンをデザインすることが出来ます……」。

ワクチン製造のこの種の特異的な研究法は感染性の病気ではなく、ガンの処置において成功をもたらしつつある。モイズは言う。「私たちははるかな路にいます」。個人別のワクチン製造を大規模に行うには、個々人の間にあまりにも多くの変異性があるという問題がある。年齢、遺伝、発育環境、そして私たちの微生物群が免疫反応を形づくり、それぞれが病原体とワクチン接種の両方にほんの少し異なる反応をする原因となっている。しかし、モイズはつけ加える。「私たちも（また）抗原がより効果的になるよう、それを微調整することが出来ます」。時には、ワクチンが存在していても、よく働かないことがある。認可されたワクチンの大部分が高度に効果的である一方、デング熱やマラリアのような病気のためのワクチンが、効果があまり確実でないことがある。これに対して、モイズと彼の共同研究者はそれがなぜかを探ろうとしている。

ワクチンをデザインする

私たちの免疫システムは抗原を取り上げて反応することに非凡である。しかし、あるウイルスと細菌は、なおも私たちの防御力を低下させる。エピヴァクス社の共同創立者で、モイズの同僚であるアンネ・デ・グロートは説明する。「HIVやEBV［ヒトヘルペスウイルス四型：倦怠、発熱、喉頭炎などを引き起こす］は彼等自身を極めて住み良いニッチ［住みやすい適所］に置き、人のゲノムの小片と一部を使います……。あるウイルスの『免疫チェックポイント』はしばしば自身から区別出来ません。ウイルス（と細菌とその寄生者）は、識別され捕らえられ、嚙み砕かれ、除かれる可能性を減らすために自分自身を偽装しようとします」。病原体は抗体の後ろに隠れ、効果的なワクチンを作らせないように見える。しかし、モイズ、デ・グロートと共同研究者は、これらの人の目を惑わす病原体でさえ、より良いワクチンの作り方がわかると信じている。今日、市場にあるワクチンの大部分はある抗原に反応する抗体に頼り、T細胞を必要とするとモイズは説明する。これらの病原体のあるものは、一種類のT細胞（それはいくつかある）を特に利用する。抗体にもとづく防御に決定的なT細胞は、作動体と調節的な細胞である。調節的なT細胞は、私たち自身のタンパク質に同調する。それらは自動免疫反応を避けるように助け、人に対する免疫反応をしずめる。作動体は免疫の量を大きくし、このT細胞は抗体生産の開始を助ける。人のもののように見える抗原を表示する病原体は、調節的なT細胞が抗体生産を抑えるようにするであろう。「もし私たちが抗炎症性の引き金を識別出来たら」とモイズは言う。「組み換えDNAを用いてワクチンをデザインし、これらの引き金を取り除くことが出来るでしょう」。目標は、隠れている病原体の仮面を剝ぎ、より強い、より効果的な抗体反応を呼び起こすことである。

彼等の最初の目標の一つはH7N9［鳥インフルエンザ］である。二〇一三年にH7N9は鳥から人びとに感染し、感染者の三〇パーセント近くを殺した。中国本土で最初に発見され、ウイルスの拡散を遅らせるために数万羽のガン、カモとその他の家禽が処分された。H7N9は人から人へと広がるように進化し、大発生につながるのではないか。これが保健科学者たちの描いたシナリオである。H7N9に対する現在のワクチンは必ずしも効果的でなく、改良型の開発が急がれている（注24）。コンピューター解析にもとづき、デ・グロートと共同研究者は、このウイルスが自らを人の遺伝子に似せて免疫細胞から隠れていることを発見した。そこで、彼等はH7N9の仮面を剥いだ。抗炎症性の引き金を取り除くことによって「（H7N9に対して）より免疫原性のあるワクチンを遺伝子組み換えしました」とモイズは言う（注25）。私たちが話した時、このワクチンは臨床試験に進みつつあった。しかし、すべての臨床試験は用心深く、かつ楽天的である必要がある。

このH7N9ワクチンがうまくいかなかったとしても、病原体のゲノムを通して選り分けることには他の便益がある。一つは多くの病原体から、特にインフルエンザのように急速に進化しやすいものから、変化の少ないタンパク質を識別することである。変化しにくい抗原に対してワクチンを作ることは、インフルエンザワクチン研究者にとってチャンスである。その発見はいつの日か毎年のインフルエンザの防御を意味し、将来のインフルエンザに対してより良い防御手段となるにちがいない。合理的なワクチンのデザインによって、ワクチン製造者を一世紀も困らせてきたHIV、結核、そしてマラリアのような病気を管理する希望が生まれる。新しい方法は私たちのすべてのワクチン問題を解決することはないが、それはすでに一つの問題、特にメニンギティスB（メンB）を軽減してきた。

メンBは人に似た抗原の生産によってではなくて、人の分子と同一の糖で出来た鞘の中にそれ自身を包み込むことで免疫を避けている。この分子を認識する免疫細胞は、自己免疫に対する防御として自然に除かれるか不活性化される。病原体の遺伝子配列を明らかにすることによって、ワクチン製造者は、これまで隠されていた抗原タンパク質を発見することが出来た。循環する多くのメンBの上に見つかった四つの異なる抗原が、ワクチン製造のために用いられる（一つの病原体は幾つかの循環する系統を持ちうる）。開発者マリアグラツィア・ピッザと共同研究者は、草分けとなる発見を科学雑誌『サイエンス』に書いている。「ゲノム研究法の可能性を証明することに加えて、細菌の抗体を導く高度に保守的なタンパク質を識別することによって、私たちは、ある重要な病原体に対するワクチンの臨床的開発の基礎となる候補者を選び出しました（注26）」。二〇一三年にそのワクチンはヨーロッパで認可されたが、アメリカではまだである。しかし、髄膜炎がプリンストン大学とカリフォルニア大学サンタバーバラ校で大発生した後、そのワクチンは両キャンパスの学生に提供された。ある新聞見出しは「カリフォルニアの学生たちが、まだ認可されていない髄膜炎のワクチン接種を受けた」と高らかに告げた。かつてノバルティス社［スイスを拠点とする製薬会社］からベクセロという名で販売されたこのワクチンは（トゥルメンバ［メンBのワクチンの一つ］と呼ばれたもう一つの新しいワクチンと共に）二〇一五年にアメリカで認可された。

モイズは新たに、効果的で安全なワクチンを開発する機会に興奮している。「私たちはもっと成功するでしょう」と彼は言う。「多くのグループがワクチン製造の独自の方法を持っています。そして新しい病原体の出現と流行までの間に、ワクチンが迅速に人びとに届くように開発のスピードを上げる方法を探しています。地球レベルでの改善の可能性は素晴らしいものです」

新しい病気は病原体が新しい寄主を見つけるかぎり、発生しつづけるだろう。ある病原体は私たちが都市や農業のために古い森を切り払ったり焼き払ったりしたために、人間の生活圏に侵入せざるを得なかった野生動物からもたらされる。他のものは、危険と隣り合わせの栄養不良で病気に罹りやすい共同体を見つける。なお、多くの人が旅行と人口の増加の両方から地球上を移動する。私たちは、このように病気を大発生させる条件を作り出しているが、ワクチンはそれに対する予防手段を提供する。それらは、ウイルス、細菌、そしてその他の病原体との不可避的なもめごとに対して、私たち自身の免疫システムを強める方法である。効果的なワクチンは、病原体に対する最良の防衛である。あるものは遺伝的暗号の中にのみ存在し、複雑な生物体に対しては試験されていない。他のものは臨床試験中である。もし有効だと証明されれば、一〜三年以内に実用化される。ゲノム学とコンピューター技術は新しい戦略の扉を開きつつある。しかし、生命は複雑で病原体は数多く、多様で速やかに進化する。ワクチン開発は、科学的発見の興奮と大製薬会社への不信、そして市民の誤解を招きがちである中、科学が健在であることを例証している。

私たちは常に効果的なワクチンか、単なる幸運かのいずれかによって病気を避けることを望む一方、避けきれなかった時は速やかに行動しなければならない。最初のステップは、疑わしい犯人を出来るだけ正確に識別することである。農業でも医療でも、より良い処置と予防は、速く正確で、そして容易な診断と結びついている。――それが最後の二章の主題である。

第Ⅳ部

敵を知る

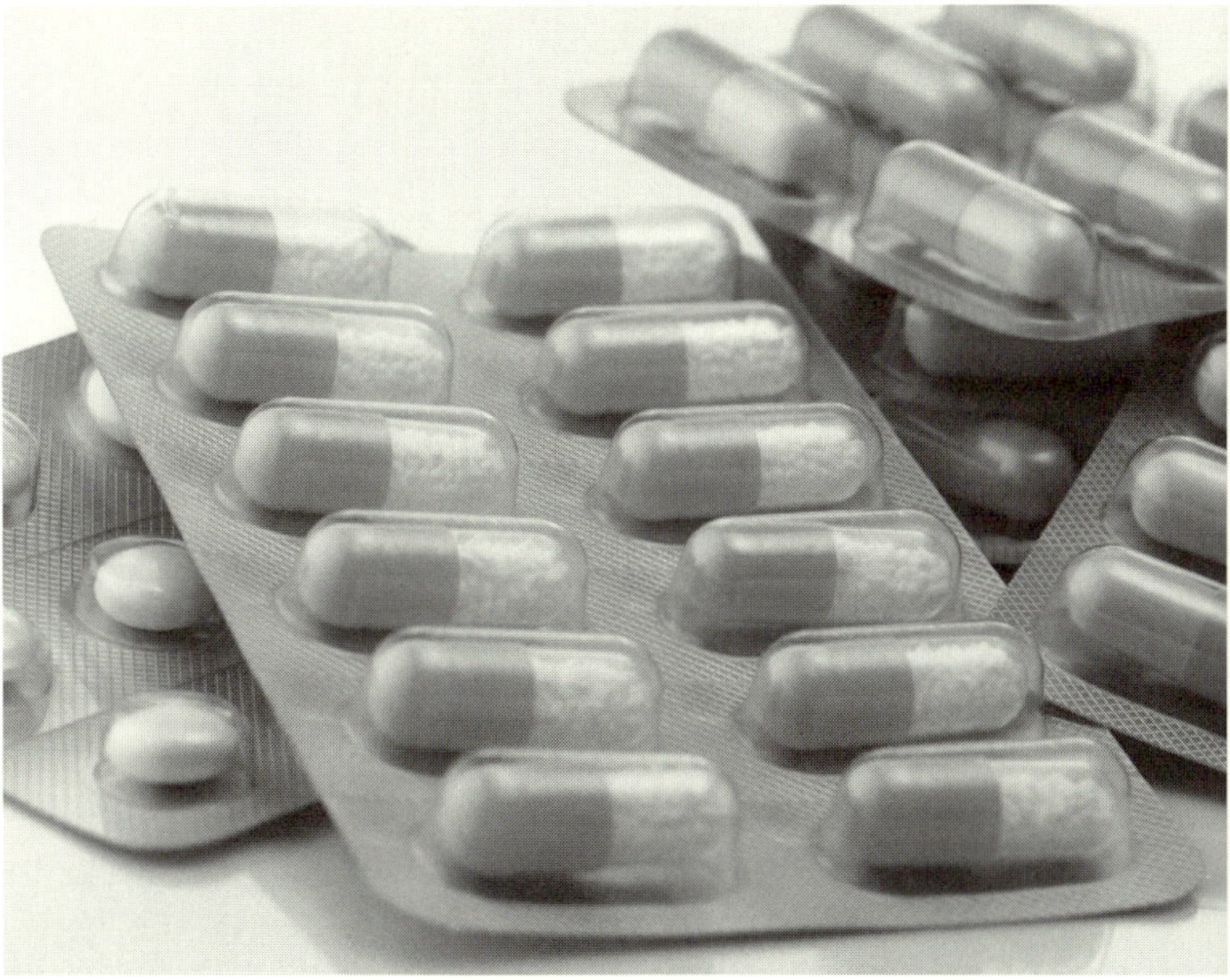

第7章　新たな農業革命

疫病の惨劇

ある貨物倉庫の中、あるいは靴か葉にまといつくものは次の植物病虫害大流行の原因となる。おそらく、それはトマトあるいはトウモロコシを殺すだろう。きっと、それは大切なイチゴを襲うかあるいはコムギを脅かすであろう。世界の食物の約一八パーセントは毎年、病気と害虫によって失われる（雑草による被害はそれよりも多い）（注1）。あるものは私たちの作物に何世紀も感染をつづける一方、あるものは最近、姿を現した。今日の雑草、昆虫、そして病気を妨げる技術にもかかわらず、作物の被害は甚大である（収穫後の損失は別にしても）。典型的な消費者の一人として、私はアメリカにおいて農業生産者が繰り広げている損失をめぐる戦争を、幸せにも最近まで知らなかった（地域的な疫病との事例は別として）。二〇一五年にアジアから来た「飛ぶキジラミ」と呼ばれる小さい昆虫が、ニュースになった。私がグレープフルーツの値段が高くなったことに不平を言っている間に、そのキジラミは柑橘類を食い、柑橘類が青くなる原因となる細菌のカンジダツス・リベリバクター・アジアティクムを媒介して、壊滅的なカンキツグリーニング病を引き起こした。二〇一六年までに、フロリダ州の八〇パーセントの作物が感染した。約十年前にこの虫と細菌が到着し、柑橘産業を減退へと導いた（注2）。フロリダ州は、長い間太陽の産物となっていたすべてのオレンジ作物（そしてグレープフルーツとタンジェリン［ミカンに似た果物］も）を失う可能性がある。病害抵抗性品種には希望があるが、柑橘産業は、それが安全な避難場所に到着する前に、やるべきことがある。アメリカではカンキツグリーニング病あるいはコムギのサビ病のような作物の病気は、生産者を破産させる。しかし、家族が生計のために自家用の穀物と野菜に頼っている発展途上世界では、病気による損失は飢えと飢饉を招く。そして、世界の人口は約七二億から今世紀の中頃には九〇億になることが予測されており、利用出来る土地は不足し、作物の損失は大きく、小規模農場はますます経営が厳しくなる。

カンキツグリーニング病のような問題と闘うか、回避する上での最初のステップは、その病気を見分けることである。もちろん、識別は簡単ではない。数百の作物があり、それぞれが、特有の病虫害に侵される。人間――という一つの種――を攻撃する病原体ですら多いのに、植物の病原体はもっと多い。過去の世紀には、私たちの食物供給源の病気の診断は植物病理学と農業普及所の担当であった。けれども、今日これらの分野は衰退しており――政府の負担と大学の予算の削減の犠牲者となっている。両分野は一世紀半前にアイルランドの大飢饉の灰の中から起こった。おそらく、今が農業革新の第二ラウンドの時であろう（注3）。

一八〇〇年代の初め、疫病菌あるいはフィトフトラ・インフェスタンスは新世界から旧世界へ引き寄せられ、ヨーロッパの最も不名誉な飢饉が始まった。ジャガイモと近縁の種の病原体である疫病菌は、私たちの好むイモと共に大陸を横切って往来した。十六世紀の征服者、貿易業者、そして探検家が南アメリカの土地に固有だったジャガイモを、大洋を越えて、ヨーロッパ、アフリカとアジアに最初に持ち込んだ。それにつづく数世紀、イモは栽培され、小さい、節くれ立ったペルーの先祖から、私たちが今日知っているデンプンの多い白いジャガイモへと改良された。アイルランドの借地生産者は特に、ほとんど全く一つの品種、ランパーに依存した。ランパーは腹を満たし、借地料を払い、ブタ（もしある家族がその一匹を飼うのに十分であれば）の餌となった。〇・六ヘクタールのジャガイモ畑は、六人家族を半年食べさせるために十分であった（注4）。このイモはアイルランドの人口爆発に火をつけた。ある歴史家はジャガイモが、食料が不足がちなヨーロッパの国が世界で台頭するための力になったと示唆している（注5）。ただし、疫病が到着するまでは。疫病が最初に作物を攻撃したのは北アメリカで、それから一八四五年にヨーロッパを襲った。それまで、農業生産者たちはジャガイモを単作し、肥料を与えて多量に作り出し、そして育種によって「イモの苦み」のような、人にとっては好ましくはないがイモを病気から守ってきた形質を取り除いた。

ジャガイモは疫病菌にとっていいカモであった。人びとはあまりにもこの一つの作物に全面的に依存しすぎていた。アイルランドでは、借地生産者は食物と次のシーズンの種子（ジャガイモは前年の「種イモ」から育てられる）と希望を失った。芸術家のジェームズ・マホーニイは「図解ロンドンニュース」にこの惨状を、次のように書いている。「この時、スキバーレーン［アイルランドの都市］で目撃した恐怖を描写出来るペンも鉛筆もない。……死にかけているもの、生きているもの、そして死んでいるものが同じ床の上に無差別に横たわっている。彼等と冷たい土との間には何もなく、彼等を覆っているのは哀れなボロ切れだけである……五〇〇戸のうち一戸も死と熱から逃れることは出来ない（注6）」。当時、この大惨事の原因は謎であった。

疫病がヨーロッパをまたがって大混乱を起こしている間に、人類は感染性の病気の解明に取り組みはじめたところであった。一八四五年には、悪い空気、信仰の不足、神の怒りが、病気の原因とされていた。目に見えない生命が存在すること――滲み出す膿、私たちの歯にまといつくもの、あるいは沼の水の一滴の中で勢いづくもの――は数世紀の間知られてきた。レンズ制作者になった、服地屋で微生物学者のアントニー・ファン・レーウェンフックが顕微鏡の世界（彼自身の精液の中の「アニマルクール」を含む）に魅せられるようになった一七〇〇年代から、人類は微生物を知っていた（注7）。

しかし、それらの発見にもかかわらず、何世紀も微生物は、ほとんど奇妙なもの以上にはならなかった。そのような小さいものが数百万人を殺したり、あるいは作物に大損害を引き起こすとは思いもよらなかった。アイルランドのクレア、ケリー、メイヨーその他の場所で、疫病が葉を黒くし、イモを腐らせた時、祈る以外の選択肢はほとんどなかった。死んでいるか、死につつある植物の上のフィトフトラの存在は問題にならなかった。しかし、菌類のような生物は、死んだ植物の組織を食べる傍観者なのか、あるいは病気の原因ではないのか？　大発生が高まった時に、菌類に詳しいM・J・バークレイが病気の原因は微生物であると示唆した。しかし、それはドイツの植物学者アントン・ド・バリーがフィトフトラを捕まえる二十年ちかく前であった（注8）。それは病原体として識別された最初の微生物、植物か動物の一つであった（その数十年前、昆虫学者で微生物学者のアゴスティノ・バッシーは、カイコの病死が広がり、フランスとイタリアの絹生産が落ち込んだが、これは伝染性の生きた生物によるものだと言明し、後に菌類の一種であることが明らかになった)。

問題の認識が予防とその後の処理の扉を開けた一方、ド・バリーは用心深いままだった。ある著書で、ド・バリーはこう書いている。「寄生者のフィトフトラ・インフェスタンスを消滅に追いやることは不可能だろう……しかしながら、まだ感染していない種イモを注意深く選ぶことが、この壊滅的な植物の病気の拡大を防ぐ唯一の方法だろう(注9)」

微生物学の夜明け

皮肉にも、ド・バリーが生きていた時代に、医師はまだ自分たちが病気感染の片棒を担いでいる自覚がなかった。ド・バリーの発見のちょうど二十年前、ハンガリーの医師、イグナーツ・センメルヴェイスはウィーンの医院で妊産婦の死亡率が高いことに注目した。そして死体安置所から産科病棟に移動した医師が遺体の小片を移して、それが婦人に感染するという仮説を立てた。これは悪い空気あるいは神の怒りではなくて、「死体の粒子」による死である。彼は試験的に、医師たちに塩素で処理した石灰の中で手を洗うように主張した。その結果死亡率は低下した。しかし、遺体から生体に移動する死の痕跡という以上の説明をすることは出来なかった。自発的な発生(感染した植物、肉、そして傷が、なぜ微生物に富むかについての当時支配的だった説明)に反証をあげたルイ・パスツールの象徴的な実験「空気だけが通るような細い首の容器内の肉汁は腐敗しないことから、空気中の微生物が腐敗の原因であることを実証した」、そしてロベルト・コッホが病原体と病気の関連の判定基準を提案する数十年前、命を救うこの医師の発見は、大失敗に終わった。センメルヴェイスはあざ笑われた。彼の時代の医師たちは一つの反論も出来ないのに、自分たちが死の病気の源であるという考えを拒否した。そして彼等は、手をわざわざ洗わなければならないという指示を侮辱と考えた。多くの場所で、命取りの病原体を洗う習慣は長続きせず止められた。二十年ちかく、そして多くの必要でなかった死ののち、センメルヴェイスは打ちひしがれて、精神を病み、精神病者の保護施設で敗血症によって死んだ（おそらく、彼が避けようと試みた感染と同種のものによって）。

数年以内に、パスツール、コッホ、ド・バリーとその他の人はセンメルヴェイスが確認出来ずに終わったものを明らかにした。特定の微生物が感染性の病気の原因となる。これらの微生物は一人の体からもう一人の体に、あるいはある植物から他の植物に移動する。数世紀の間、医師と信仰療法をする人は無意識的に致死的な病気を運んでいたのだ。それは農業生産者が次のシーズンのために疫病に感染したジャガイモをしまい込み、それが飢饉を招くのと同じであった。初めて病理学者と公衆衛生従事者は、かつては知られなかった敵を識別することが出来た。ド・バリー、バークレイ、コッホらが診断の革命を起こした。処置と予防がつづいた。炭疽病、コレラ、結核の原因となる細菌を発見したコッホは衛生意識の向上を促し、パスツールはワクチン接種の擁護者となった。間もなく、科学者は植物の病気を処理し予防する根拠として菌類と他の病原体を認識した。コーヒーさび病は菌類が原因であり、ベト病は卵菌、トマトモザイク病はウイルスが原因であることがわかった。

これは一世紀半前の微生物学時代の夜明けであった。そしてここには意外な結末があった。もし、コッホあるいはド・バリーが今日、植物実験室か病院に足を踏み入れたら、基本的診断の方法が同じであることを認識したであろう。最初に、試料は病気の患者か死につつある植物から取られる。少量の血液、尿の滴、腫れた水泡、葉と根の断片などが細菌か菌類を見出すために培養される。微生物は、おそらく寒天培地か培養液の上で培養され、それらの形、色、生産されるガス、そして食物と好気性か嫌気性かが決定的な情報となり、診断結果が導かれる。これらの手掛かりは顕微鏡の下で区別することが困難な細菌を識別する。この過程は最初に開発された時には、数日か数週間かかったが、それは今でも同じである。このペースでもグローバリゼーション、気象の変化、農薬抵抗性の出現、そして人口の増大が起こる前には十分であったが、今はもはやそうではない（注10）。農業では医学と同様に、いかなる病気も速やかに識別し、診断を下す必要がある。それは従来のような広範囲の毒剤処理から、患者と地球の両方にとってより良い、その病気だけを解決するような解決法へと進むにつれてより重要になる。

廃れていく植物病理学

「ハリー・エバンスは国の宝です——世界中の作物の病気についてのあらゆる知識を持つ、歩く百科事典です」とペンシルベニア州立大学の生態学者デイビッド・ヒューズは、未来の植物診断学の展望について言う（注11）。「しかし、彼のような人は私たちの社会では再び現れません。過去百七十年あるいはそれ以上（アイルランドのジャガイモ飢饉以来）に発生した、植物の害虫と病気を防除する上での科学にもとづいた知識は失われています」。エバンスは伝説的な人である。彼の仕事で最も知られているのはカカオの木の病気であり、この植物病理学界のインディ・ジョーンズは、世界中を旅して、植物の病気、害虫、雑草そしてその生物学的解決法を調査して学問を広めた。しかし、今日、このような植物病理学は失われた技術になりつつある。

二〇一二年のイギリスにおける監査報告では、この分野は急速に衰えつつあり、大学とカレッジはその専門分野を止めるか、講義の数を減らす一方、学部は存続出来なくなると示唆する。この報告の執筆者たちは、私たちは医学と健康の関連を理解するが、同じ関連を植物と私たちを養う食物との間に当てはめるのは失敗すると指摘する。「社会は」と彼等は言う。「人間と動物の健康に投資するのと同じように、植物の健康に投資する必要がある（注12）」。私たちは健康な食物を食べることだけを気にして、食物を健康に保つために必要なことについては考えていない。現在、生物医科学ではPh. D.〔博士〕が余っていて、農業科学においては研究者が不足していることに対して、ある生物学者は次のように論評する。「増えつづける人口に食料を供給する必要がある。そして、私たちが基礎的で現場に役立つ応用的な植物研究をもっと大胆に高めるべき期限は過ぎている（注13）」

アメリカでは農業科学の博士課程修了者の数は過去十四年間で減りつづけている。一方、生物医科学の研究者の数は急上昇している（注14）。しかし、カリフォルニア大学デービス校の植物病理学者のトーマス・ゴードンは言う。「私の認識では、植物病理学者を育てる上で、私たちはヨーロッパやオーストラリアよりもよくやってきました（注15）」。なお、コーネル大学やノースカロライナ州立大学でも同様に該当の学部や科目は縮小されており、植物病理学者が退職すると、他の学部と合併させられる。「大部分の有権者は農業について極めてわずかしか知らないし気にかけません」とゴードンは言う。彼はその損失は、減少する公共的資金支援の結果であると信じている。「農業はすでに一つの大きい産業であり、その問題に対処するための公共的資金供給について、特によびかける必要がないと一般に思われています」。私たちは大量生産される加工食物から逃げ出したいと叫ぶ。そしてますます有機栽培を要求する。

しかし、私たちは生産者、特に小規模な生産者が直面する困難を理解していない。ジカ熱のような新たな発生に直面する一方、感染性の病気の専門家がいなくなるのを想像してごらんなさい。農作物を病害虫から守り、安定生産を支えている人びとがいなくなるのだ。今や、注意を払うべき時である。

そして開業医だけでなく——病気の専門家も失われつつある。植物の病気をつきとめる画像や、必要な情報などは、ますますペイウォール［コンテンツが一部有料化したウェブサイト］の背後に閉じこめられる。ヨーロッパ、アフリカ、その他の国では政府が縮小する財源の配分にあたり、農業普及所は、それを利用するために費用がかかるか、あるいは個人化されるようになりつつある。基本的な診断サービスは、必要とされる大部分の場所で手に入らない。それは小規模生産者、裕福でない農業生産者、そして都会から遠く離れた地域と開発途上国である（注16）。「失われたのは」とヒューズは言う。「問題を研究するプロセスです。誰でも銀の弾丸［難題の解決策］を望みます」。特定の害虫についての深い知識、あるいは病原菌の胞子がどのように風に乗って運ばれるか、などを把握することが、より長くつづく解決に結びつくのだ。現在の傾向をヒューズはとても心配している。彼は救済手段を編み出すためなら喜んで自分の生涯を賭ける人である。

ヒューズと共同研究者のデジタル疫学者［主に統計学の手法を使って病気の原因や傾向を明らかにする］で、アプリケーション・ソフトウェアの開発者でもあったマーセル・サラテイには一つのアイデアがあった。植物の病気の画像と情報の無料のデジタル図書館を、世界中の植物の病気を熟知した仮想のボランティア司書と共に運営することだ。第二のステップは全過程を自動化することである。「私たちはハリー・エバンスのような病害のわかる人材に投資することはなくなります。そのかわり、コンピューター（スマートフォン）をポケットに入れて移動する人たちは大量にいます」とヒューズは言う。アフリカの小規模生産者からアメリカの家庭菜園まで、そしてヨーロッパのコムギ生産者の数百万の人びとが携帯電話を持っている。「そこで、第二の最良の解決法があります。これらの個人を結びつけてネットワークを作れば、そこから集団知を得られます」。もし、集められた知識が、デジタル化され、共有出来れば、生産者が数分か数秒で新しく感染した作物を特定し、診断することが出来る。どんな病気もどこでも、いつでも、無料で診断出来る。サラテイは技術の汎用性について書いている。「もしこれが植物の病気で可能ならば、人間の病気でも同様のことが出来る（注17）」

ヒューズのペンシルベニア州での「本業」は、遠く離れた地域の菌類に感染する「タイワンアリタケ」［アリに寄生するキノコ］の研究である。しかし、彼は、これまで政府と大学によって提供されてきたサービス、すなわち農業普及所を考え直すという展望を持っている。彼はこの仕事を「（職業的に）どこかに持って行こうというのではありません。私とマーセルにとって、この事業は、知り得た知恵と助言を活用することです。私たちはこういう仕事をしないように言われてきました——キャリアを棒に振ると……しかし誰でも、九〇億人を食べさせようとするために、いかにしてより多くの食物を作るかという知恵を絞る必要があります。それをしないのは道義的に堕落しています。そこでマーセルと私は、幸せにも、あまり人がとらない道をとったのです。なぜならば、それは私たちすべてをより良い世界に導くからです」

農業知識の普及はスマホから

私の初期の経歴のほとんどは、いわゆる土地付与大学［アメリカ連邦政府の土地を州政府に付与して作られた大学］の一つからもう一つへと、私のピンクのトヨタカローラ（本、猫、その後は犬、夫と子どもを詰め込んで）で国内をあちこち移動するものであった。私はマサチューセッツ大学に近いコネチカット川流域の豊かな土に根を下ろす前、ニューヨーク州からカリフォルニア州へ、再びニューヨーク州へ戻り、それからロードアイランド州、そしてノースカロライナ州へ行った。私は農業科学に強く興味を持ったことは一度もなかった。しかし、私が勤務した大学はいずれも、土地付与研究所として創立されたものだった。

イリノイ州カレッジの教授であるジョナサン・ボールドウィン・ターナーによって構想され、バーモント州の下院議員のジャスティン・モリルが後援したこれらの大学は、社会的階級にかかわらず、すべての人が公的教育を受けるように計画された。一八六二年にリンカーン大統領によって承認され――南北戦争の最中に――土地付与大学は農業、軍事、機械工学、そして古典芸術を、私立大学に行く余裕のない人びとに教えた。これらの大学は農場で育った人びとと、農場に戻ろうとする人びとのための場所であった。アメリカの農業への接近は彼らの教室から生まれた。土地付与大学は植物の栄養への関心を高め、新しい品種のトウモロコシ、コムギ、リンゴ、そして害虫防除と農薬、病害管理と抵抗性品種を開発した。それらは緑の革命のふるさとであった。土地付与大学は重要な援助を提供しつづけている。それは食物を育てることである。一つの欠かせないサービスは農業普及所である。リンゴ園を始めるには？　羊の伝達性海綿状脳症が知りたい。新しい害虫の問題があるか？　疫病を追跡するには？などの疑問や要望を地方の農業普及所にメールで問い合わせることが出来る。あるいは、試験のための土の試料、あるいは診断のための一枚の葉を送る。あるいは総合的病害虫管理の圃場巡回に参加も出来る。農業普及所は最新の科学を生産者のために説明する。最も効果的な農薬から農業生態学そして持続的農業まで――化学的投入を減らすような方法を。

より良い食物のためのより良い知識。この概念は、アイルランドのジャガイモ飢饉の中で実践された。一八四〇年代にジャガイモが腐ると、クラレンドンの伯爵でアイルランド統監のジョージ・ヴィリアーズは地方に多数の農業講師を送ることによって、「大不幸」の再発を防いだ。彼等の仕事は、「農業知識を普及させること」であった。アイルランド統監は農業生産者に、いかにしてもっと力強い作物を育てるかを教え、ジャガイモ以外の食物を育てるように励ますことで、新たな災害を避けることが出来ると信じていた（注18）。病気の被害にあった地方に最初に送り込まれた一〇人ほどの講師たちは役割を十分に果たした。間もなく、この取り組みは世界中に広がった。二十世紀初頭にそれは、アメリカ農務省と土地付与大学の間の事業として形作られた。この事業は共に「研究知識の実用化」と、知識を中西部のコムギ生産者から北東部の果樹園、南部の柑橘生産者、そして家庭菜園裏庭園芸者にまで授けるものであった。

しかし、前世紀を過ぎると、科学の知見は大規模農場の設備、肥料、あるいは水のような一つの農業的「投資」となってきた。農業企業は最新技術や知見を採用する資金があり、この知識に対して支払う資金を持つが、小規模生産者、特に遠隔地の生産者にとっては利用しにくいものとなっていった。国際連合食糧農業機関は、「商業的生産者はこれらの投資から直接的経済利益を引き出すことは出来るが、農業普及組織が民営化する傾向がある」と一九九〇年代にリポートした。「生産者は、以前は無料で得られたサービスに対して料金を支払わなければならない」。この傾向は北部で強く、南部でも始まった例がある（注19）。アメリカでは、小規模生産者——彼等の地域によって——はまだ農業普及所で最新情報を無料で仕入れることが出来る。資金はしだいに少なくなっているけれども（注20）。

「私たちは新しいタイプの普及が出来ます」とヒューズは言う。「私たちが過去三十年か四十年間用いてきたモデルから離れるべきです。私たちは変わることが出来ます。農業普及所は私の生まれ故郷であるフェニックスパークのダブリンで始まり、そこは子どもの時にはよく歩いたところで、私が住んだことのあるコネマラ山地の畑にありました［いずれもアイルランドの地名］。私が百七十年後の二十一世紀の世界に適合するように、その変化を加速させられない理由は見当たりません」。ヒューズは生産者のポケットから一人のハリー・エバンスを取り出すことを望んでいる。「ブルックリンの共同農園からブルキナファソ［西アフリカの国］の小規模農場へ」向かって（注21）。その目標は診断が人工衛星から基地局を通り、世界中の生産者の手のひらへと届くことである。

農業普及所がアメリカに出来てからほぼ百年後、そしてアイルランドに出来てから百七十年後、ヒューズとサラテイがPlant Villageというサイトを構想した。このサイトは画像、情報、そして専門家の診断を提供する。写真と質問を送れば、答えが得られる。究極の目標はコンピューターのとてつもない計算能力によって、的確な診断を行う一方、ハリー・エバンスのような専門家の役割を担う。このサイトは二〇一三年に運用を開始した。二〇一六年まで、Plant Villageは一五五の作物と一八〇〇の病気をカバーする一〇万以上の画像を取得した。このサイトへの訪問者のほぼ三分の一が開発途上国からのもので、二五〇万以上の訪問者が、写真を送って質問し、解決法を受け取った。バジル栽培で発生するウジ、バナナの木に侵入したアリ、スイカの上の菌類をどうしたらいいですか？　アイルランド統監の「堅実な実用的知識」を持つ一〇人の講師の代わりに、数百あるいは数千あるいは、おそらくいつかは、数百万人が知識を分け合う――彼等の実験室あるいは農場を離れることなく。その場で生産者が写真を撮り、それを送ると、数分以内に、診断と解決法が寄稿者から送られる。ヒューズとサラテイは数年のうちに、数百万人の登録者を目指している。――「ちょっと月ロケットの打ち上げに似ている」ことを彼は認める。もし、アフリカあるいはインドあるいはブラジルの遠隔地にいる生産者がスマートフォンをまだ持っていなかったら、彼等は近い将来にチャンスがあるだろう。二年前、サハラ以南のアフリカに住む人たちのうち、七五パーセントが携帯電話を所有していた。ナイジェリアと南アフリカにおいては、ほとんど誰もが携帯電話を持っている（注22）。そのうちスマートフォンは半分よりわずかに少ない。二〇一九年までにスマートフォン使用者の数は、六〇億人以上にのぼることが予測される（注23）。いずれすべての生産者はスマートフォンを持つであろう。そして、サラテイとヒューズはソーシャルネットワークとクラウドソーシングでより良い診断を下すだろう。

最初にちょっと見た所、Plant Village は好奇心をそそる。しかし、世界中の食料作物を救うことが出来るサイトではないようである。「私は奇跡を期待しません」と、ある農業普及所の職員は、私がこのサイトを見せた時に言った。もう一人の、カリフォルニア大学の小規模農場アドバイザーのマーガレット・ロイド（植物病理学者で私たちは第2章で出合った）はこの種のやりかたについての議論で、写真の質（これについて、ヒューズは彼等がある演算法で解決したと言っている）、そこで働くかもしれない地域的条件、そして専門家の協力の不足について指摘する（注24）。「診断はよく訓練された植物病理学者でも困難です。なぜならば、診断は研究的過程であり、質問から問題の原因を突き止めるには訓練が必要だからです」。彼女は付け加える。「一枚の写真で診断が出来る極めて単純なケースはありますが、大部分の生産者は、この程度のことなら栽培の最初の二、三年で学びます」。そうであっても、彼女はネットの可能性に期待を抱いている。「私はこの取り組みを知ってわくわくしました。それは素晴らしい考えです」

地方の生産者たちは、このサイトが普及するのを見たがっている。コネチカット川流域のレッドファイア農場は、一三〇〇人が加入する大きいCSA［共同体支援農業］の一つであるが、農場主の一人であるライアン・ヴォイランドは、一つの試料を診断のために農業普及所に送ったところ、一試料あたり五〇ドル請求されるのを知り、依頼を断念した。見ただけで正確な診断をしてもらえるのはありがたい。それは、少なくともある推測を提供するだろう。しかしロイドが指摘するように、研究者は学生を指導するプレッシャーの下で、研究助成金を獲得し、研究をし、論文を出さなければならず、Plant Village のようなサイトに協力してくれる人を見つけるのは難しい。大学の統計専門家は、こういったタイプの民間のウェブサイトには、それがたとえ非営利団体であっても協力する気持ちはないだろう。少なくとも、今のところは。それはヒューズも認める問題である。しかし、彼は次世代のアカデミクスについて楽天的である。「若い世代ははるかに利他的で、自分の履歴や報酬にあまりこだわりません。将来的には、もっと人びとが互いに協力しあうようになるでしょう」。そして、ヒューズとサラテイは人の脳の力のみを勘定に入れているのではない。彼等は、植物の病気をコンピューターに教えている。

戦争と高速計算

第二次世界大戦は人間の努力を大量に破壊するものであった。しかし、大戦下で、より効率的に殺す方法を編み出すために傾注されたエネルギーと知識なしには、今日私たちのポケットに札入れサイズのコンピューターが入ることはなかったであろう。戦争は私たちに工業規模の製品をもたらした。それは、ペニシリンの製剤化、レーダー、加圧式飛行機［機内の気圧を高めることによって超高度を飛べる］、今日私たちをとりまく多くの二十世紀中期の革新である。より正確な弾道計算のために、ペンシルベニア大学のジョン・モークリーとジョン・エッカートが世界で最初のデジタル多目的コンピューターを作り出した。一九四五年に最初に起動した、ＥＮＩＡＣ《エニアック》（電子計算機）は結局、第二次世界大戦のミサイルには間に合わなかったが、その大量の高速計算の容量とプログラムされた能力は革命的であった。エニアックは三〇トン近い重量で約一八〇平方メートルにまたがる巨大なものであった。今、私たちはその子孫である携帯電話を市場や教室あるいは晩餐、そして野外にたずさえていく。エニアックとその後継機であるＥＤＶＡＣ《エドバック》とＭＡＮＩＡＣ《マニアック》は、特定の方法で提起された問題を解く。しかし、それらには、それ以上のことが出来るのだろうか？　針金と真空の管で作られ、それらの金属の管を通って起こる電気で、私たちのように学び、それ以上のことが出来るであろうか？　イギリスの数学者アラン・チューリングは、現在の人工知能（ＡＩ）を予想した。チューリングは大戦中にドイツのエニグマ［ナチスドイツの暗号機］の解読に尽力し、コンピューターの初期の開発に影響を与えた。チューリングの多くの功績のように、ＡＩは大胆な提案であった。

チューリングは新しい計算機が子どものように学ぶことが出来るかどうか、そして、もし、学ぶことが出来たら、それは本当に何を意味するのだろうかと考えた。「金で買うことが出来る最良の感覚器官」で基本的に満たされた機械である人工的脳が、理解するように教えられるだろうか？（注25）彼はこの疑問を一九五〇年に提起した。不幸にも、無限の機械の知性を熟考した輝かしい数学者は、人間の理解が悲劇的に限られた時代に生きた。彼は一九五二年に同性愛のために逮捕され、法律的に投獄か去勢かの選択肢を示されて、不当な「化学的去勢」を受けた。二年後、四十一歳で、チューリングは青酸カリを飲んだ。チューリングの死から五十年、彼の洞察力のあるエッセイ「計算機と知性」によって励まされたコンピューター科学者は、いかにチェスを遊ぶかを学び、パターンを認識し、「ビッグデータ」を作るコンピューターをプログラムした。コンピューターはチェスで人を負かし、最近ではより広い複雑な戦略のゲームと人間に残された最後の知的領域である直感に進んでいる。

今、コンピューター科学者たちが、スミソニアン博物館［アメリカを代表する科学、産業、技術、芸術、自然史の博物館］と協力して、Leafsnap と呼ばれるアプリをリリースした。それはアメリカ北東部とカナダの木の葉をスナップ写真から認識することが出来る（注26）。まさにパターン認識の一つの適用である Leafsnap は無料で提供され、二〇一六年までに、アメリカ北部の一八五種の木のすべてを識別することが出来た（注27）。私は最近、花を識別する同じようなアプリをダウンロードした。あなたの手の中に、この集団的頭脳を持つことはスリルである。そして、この種のパターン認識はちょうど機械学習の一つの分野である。しかしヒューズとサラテイは電子頭脳の中をより深く探求する。「Leafsnap は不足した情報を追加します」とヒューズは、このアプリと彼等自身の Plant Village アプリとを比較して説明する。「そして、これを植物の種を決定するために使います。私たちは病気を決定するために、葉の表面を見て、色、形、そして適応状態を使います。それは、ある人のアウトラインを見ることと、それが人であると知ることの間の違いです。それは、(仲が良い)ボブおじさん[ロバート・セシル・マーチン：ソフトウェアの専門家]と(それほどでもない)ハンニバル・レクター[作家トマス・ハリスの作品に登場する架空の人物。精神科医で殺害した人間の臓器を食う]の違いです」

Plant Village を作る仕事で、ヒューズとサラテイはディープラーニングの仕事を始めている。それは高レベルの抽象性を扱うことが出来るコンピューター演算法を開発することである。グーグルが提供している「Tensor Flow [人間が用いる学習や論理的思考と似たように、パターンや相関を検出し解釈するニューラルネットワーク]」は、機械学習のためのオープンソース・ソフトウェア・ライブラリである。二〇一二年に、このプロジェクトが知らされると、一万六〇〇〇のコンピューターがつながり、脳のようなネットワークが作られた。一〇〇〇万ほどのランダムに選ばれたデジタルイメージが解き放たれると、ネットワークは数千の対象を認識するように、それ自身に教えた。人は猫の写真を送るのを好みがちなので、これを学んだ電子頭脳に現れるのはよく知られた対象の一つである猫のイメージである。私たちがグーグルあるいはＧｍａｉｌで何かを見る時はいつでも、Tensor Flow がそこにある。ヒューズとサラテイ、そしてシャーラーダー・モハンティ(当時サラテイの研究室の大学院生)はディープラーニングフレームワークの一つ、Caffe [画像処理ソフト]を使って、二六の異なる病気のカテゴリーの組み合わせを持つ一四の作物の五万三〇〇〇の画像を処理した。コンピューターは二六の病気を九九パーセントの正確さで特定することが出来た。「すごいことです」とヒューズは言う。「一人で――植物病理学者あるいはこの地球上の誰でも――これが出来るものはいません。あなたがトマトの専門家であっても、ブドウの病菌について知っているとは限りません。そして、もしあなたが、ウイルス病について知っているとしても、菌類によって起こるブドウの病気を分類出来るとは限りません」。それ以来、二人は彼等の画像データベースをcrowdai. orgと呼ばれる誰でも参加できる競争的環境に開放した。そこでは、世界中のコンピューター科学者が彼等自身の方法で最良の病気識別結果を得ようと競争している。その目標は、どの方法が最もよく働くかを見出すことだ、とサラテイは言う。いかなる結果もオープンソースとなって、誰にでも利用出来るようにする（注28）。「私たちが他の参加チームの九九パーセント以上という驚くべき正確さを得たことは極めて満足でした」とヒューズは燃えている。「それはPlant Villageが最もすぐれている証です」

もちろん、診断の正確さはそのデータ次第である。画像は明瞭である必要がある。そして診断は確められなければならない――そのことに挑戦するヒューズとサラテイはよく知っている。「ひとたび、データの精度が異なれば正確さはかなり減るでしょう」とサラテイは言う。治療法は、データの組み合わせによってさまざまになる。「現在の病気訓練セットは、一五万の画像を使っていますが、画像はどんどん増えています」とヒューズは言う。「植物の感染と、何に感染しているかがわかる一人の専門家によって識別されています。しかし、私たちはすべてが研究した通りにうまくいくとは思っていません。特にサハラ以南のアフリカのような場所では。私たちは直接現場で情報を得るようにしています」。

――それは野外か実験室の試験の結果である。最近このチームは、国際熱帯農業研究所（IITA）とその主任研究者のジェームス・レッグと共にタンザニアで仕事をした（IITAは農業と持続性に捧げられた地球的な研究協会の組織の一部である）。ヒューズは今、画像を集めて、このシステムの診断をダブルチェックするために世界中の数百人の科学者と働いている。このプロジェクトの展望が得られれば、特に決定的な診断の選択肢が実験室培養になっているところでは、この診断方法が取って代わるだろう。しかし、実験室の中でさえ、コンピューターはそれらの革新者が決して想像出来ない方法で科学に影響を与えつつある。私たちは第四世代のDNAシークエンシングが病気の診断の革新とバランスをとる時代に入りつつある。ちょうど、コンピューターが部屋の大きさから机の大きさに、そして腕時計の大きさに変化したように、DNAシークエンシングはますます速度をあげて、小さく、そして、より入手が容易となっている。人は、いかに数百あるいは数千のよくある病気を診断出来るか――安く、速く、そして正確に？　あるいは、未知の病気に注意を払うか。第四世代のDNAシークエンシングならこれが出来る。

「私たちはラブオンチップ［実験室での混合反応分離検出をスケールダウンして、コンピューターの集積回路上のマイクロ流路で行う］診断からかなり遠く離れた道にいます」とヒューズは、部屋一杯の実験室装置からコンピューターのチップの大きさの作業に進む努力を例にして言う。そのかわり彼の実験室では自らを「破壊的」と言う技術会社のオックスフォード・ナノポア・テクノロジーズ社［イギリスの企業］によって作られた道具を使う(このことは次章でもっと述べる)。その道具はUSBによってノートパソコンにつながれ、DNAシークエンシングを数分のうちに吐き出す。――すなわち細菌かウイルスを数分のうちに識別する。もしこれらの新しいＤＮＡシークエンシング装置が成功すれば、茎をちょっと切るか血液の容器を送らなくても、診断が可能となる。親会社はすでに携帯電話機に搭載出来るものを開発しつつある。この装置は果樹園の野外の試験や病院に持ち込まれ、結果はちょうど今、科学論文で発表され始めている。診断の幅はエボラ熱からジカ熱へ、そしてよりありふれた、しかし取り扱いにくい、抗生物質抵抗性の尿路感染に及ぶ。これは高速なＤＮＡ診断に向かって動いており、最後の章の主題は病気診断の新しい姿を示すであろう。それは、ヒューズ、サラテイ、その他の革新者が私たちの食料を救うため、また、救急救命の医師、地方の医師、そして保健従事者が現場で私たちの生命を救うための鍵となる。

第8章　診断の未来

まず出される抗生物質

夫ベンがダニに刺され（ダニはすぐに取り除かれ、発疹はなかった）、数週間後に熱が出た時、彼は念のために病院に行った。医師はインフルエンザか呼吸器のウイルスを示す症状をカルテに記録した。それにもかかわらず、夫は、単独の高い薬量のドキシサイクリン〔抗生物質〕――ライム病〔シカのマダニが媒介〕のための処方を持って帰宅した。彼はライム病かどうかの検査のために血液を採られたが、この薬は検査結果が出る前に、処方された。血液検査ではライム病の細菌に対して作られた抗体が検出された。しかしその検査は感染が起こった後、数週間だけ最も正確で、結果は曝露のあとの試験のタイミングに依存していた。この反応は、今か、あるいは過去の感染を示すものであった。細菌を培養することは難しい、それは医師の診断を不確かなままにする――ライム病が土着しているか、それが疑われる地域では予防的に処置する。ライム病を進行させるとより手に負えない感染のリスクがある（注1）。病院で精密検査が出来ない場合は、しばしば、先を見越して処方することが最良の対処であるように見える。夫は抗生物質を飲んだが、数日たってから彼には目立った感染はなかったことを知らされた。

この本の全体を通して、私たちは病院や開業医や農場における抗生物質の誤用あるいは濫用の結果を見てきた。化学薬品の使用開始から一世紀後、病菌は反撃しはじめた。二〇一六年に研究者たちはコリスチン［抗生物質］に抵抗性のある大腸菌をはじめて識別した。コリスチンはその毒性により五十年近く前に評判を落とした、「最後の手段」の抗生物質である。しかし、それは抵抗性への対応のために再び兵籍に入った。病菌それ自体は他の抗生物質で治療出来るが、DNAの小片の上に抵抗性遺伝子が存在し、それが他の細菌に容易に分け持たれることが恐ろしいのである。「ひろく抵抗性のある」病菌はアメリカでは、ある尿路感染の患者から培養された。そこでは抵抗性が毎年少なくとも二万三〇〇〇人の命を――抵抗性の感染による合併症で死んだ人を含めればもっと多い――奪っている。この出来事はこの世の終わりという見出しで、インタビューと共に突然報道された（注2）。もし、抵抗性と感染への新しい解決法がすぐに見つからなければ、アメリカと世界（毎年数十万人が抗生物質に抵抗性のある微生物によって死んでいる）の両方での死者の数は二〇五〇年までに数百万人に増えると見積もられている（注3）。抗生物質に抵抗性のある微生物は人を殺すだけではなくて、費用もかかる。アメリカだけで医療費は一年でおよそ二〇〇億ドルにのぼる。それは家族、仕事、病院の収容人数に影響する（注4）。抗生物質に抵抗性のある微生物は大きく数十万の患者とその家族に被害を与え、広域的抗生物質による体内の微生物群に手の込んだ被害を与え、それはクロ・ディフのような日和見的な病菌による荒廃地を腸内に作り出す。

正確さ――有害なものを標的とし、一方有益なものには控えめな――は現在の難関への一つの解決法である。私たちは医師で微生物群の先駆者である、マーティン・ブレイザーが次のように書いていることとを志すべきである。「真に狭い範囲の病原菌に作用する薬剤を開発するためには、それぞれが理想的に一つの病原体を目標にしなければならない（注5）」。ファージはそれをする。バクテリオシンとその他の狭いスペクトラムの作用剤も同様である。しかし、これらの処置を行うためには診断の改良が必要である。微生物学者、病理学者、そして診断学者は、私たちを苦しめるものは何でも識別する点で極めてよくなってはきたが、決定的な診断には時間――しばしば、数日あるいは数週間――がかかる。インターネットで買ったものが翌日には配達されるようなハイテクな世界なのに、私たちは基本的に十九世紀の方法論で病気を診断する。培養――試験管、ペトリ皿、フラスコの中で細菌を育てる――は黄金律である。もし私たちが抗菌微生物で自身の生命を救おうとするなら、二十一世紀にふさわしい診断を必要とする。私たちには、臨床で、診察室で、そして遠く離れた地方の病院で使える道具が必要である。そして細菌のゲノムを読み取り、抗菌微生物に抵抗性がないかがわかる診断の道具を必要とする。そしてこれがすべて、あらゆる衛生従事者に入手可能でなければならない。そうでなければ、これらの従事者はギャンブルをしなければならない。それは包括的な治療の一種として広域抗生物質を投与することを意味する。

医師たちは処方箋を書く時により保守的になるけれども、おそらく私たちは全員、最後の診断がつく前に抗生物質を受け取るというケースを経験しているであろう。今の子どもたちは耳の感染に、かつてのように容易に頻繁に抗生物質を与えられることはなくなったであろう。けれども、二〇一六年においてさえ、春休みに帰省中の娘の咳が止まらなかったので、医者に連れて行くと、抗生物質をもらって帰って来た。驚いて、私は彼女に何か検査をされてきたのかと尋ねた。そこでは、喉と鼻の中を見られただけだった。すべての外来患者の約三分の一は、抗生物質の処方箋は「不適当」と思われる（注6）。急性上気道感染の症状である咳がおさまることを期待しているほぼ五〇パーセントの患者は、なおも抗生物質を処方される（注7）。このような時、ウイルスを細菌から区別する急速試験があれば（カナダではいま可能である）助けになる。

問題は診断の不足そのものではない。最近の市場調査によれば、感染性微生物の識別は一六〇億ドル産業であり、成長しつつある（注8）。この数十億の一部は「これまで行われてきた識別」に行く。そして残りは抗菌感受性の検査——あるいは培養に行く。その他の金は抗体—抗原反応あるいは特定のDNAシークエンスのためのプローブ［あるDNA配列と結合する標識をつけたDNA断片］に使われる。これらの検査は数十年にわたって多くの蓄積がある。二十年以上前、迅速診断の抗体—抗原検査によって息子のサムを妊娠したことがわかった。あなたはすぐに結果がわかるHIVあるいは淋菌試験キットを、どこにでもあるドラッグストアで買うことが出来る。レンサ球菌にしばしば感染する私の娘は迅速検査のベテランである。喉に綿棒、イエスかノーかの診断、抗生物質の追っ手（ない場合もある）のあとに究極の確認のための培養がつづく。今、エボラ出血熱のための迅速検査すらある。しかし、一〇〇〇以上の人の病原体があり、多くの商業的迅速検査は世界中でより一般的な、あるいはトラブルの多い感染に焦点をあわせている。それらは多剤抵抗性黄色ブドウ球菌、結核、クロ・ディフである。あまり一般的でない感染症は迅速検査の輪の外に置き去りになっている。

そして、迅速検査の中には感染の検出の精度が高いものとそうでないものがある。また、ある検査は、小さい病院や開業医が導入するにはあまりに高価であったり、その感染した菌の正確な系統を診断することが出来ない。ある検査は害のない細菌と、毒素を生産する近縁のもの、あるいはペニシリンに抵抗性のあるものとの違いを区別出来ない。存在する分子でさえ、DNAにもとづく試験は抵抗性を検出するためには万能薬ではない。「ある抗菌剤抵抗性決定のための分子的標的は手に入ります」とダートマス-ヒッチコック病院で微生物学の医学的指導者のジョセフ・シュワルツマンは説明する。「しかし、それはまだ完全でなく、すべての抵抗性現象は単一の遺伝的要素によって説明出来るものではありません（注9）」。言い換えれば、単一の、あるいは少数の遺伝子をプローブする［プローブによって遺伝子を特定する］分子試験は十分ではない。これらの診断の多くは結果を出すのに、いまだ一日か二日が必要で――急を要する時には一日か二日ではあまりにも長い。大部分の医師は追跡培養を勧める。欠けているのは強力な診断システムである。私たちが必要としている情報は、ある患者が感染しているかどうかだけではなく、その病菌が抗生物質に反応するかどうかである。あるいは検出された系統が友か敵かである。

遺伝子とゲノム学の時代に入るにつれて、分子診断が動き始めた。FDAによって承認された検査がある一方、FDAによってまだ承認されていない検査はなおも徹底的な確認を必要としており、研究上の使用のみの指定にとどまっている。さまざまな規模の実験室が、患者の数とさまざまな診断検査の標本数にもとづいた選択肢を持っていると、シュワルツマンは言う。言い換えれば、それは複雑である。そして、一つの病院あるいは一つの患者集団で可能なものが、他のものでは可能でなく、特に遠隔の小地域では適用出来ないことが多い。

遠隔地に有効な診断を送ることは、私たち人間がこれまで以上に移動するようなったので、ますます重要になっている。私たちが住んでいる世界を考えると、病原体を持った人は太陽を追いかけて東から西へ、あるいは北から南へ一日で旅をすることが出来る。二〇一四年にアメリカは七億五〇〇〇万人の外国からの訪問者を受け入れたが（約半分はカナダとメキシコからであるが、残りは、はるか遠く離れた海外からである）、これは、それ以前の十年間の二倍の数である（注10）。二〇一五年には一〇億人が世界中を旅行した（注11）。人びとはヒッチハイクする微生物のいまだ見ぬ大群の輸送を提供した。それはエボラ出血熱、インフルエンザ、そして今、ジカ熱（もともと蚊が媒介したが、性行為でも伝染する）である。ジカ熱とエボラ出血熱はこうした移動の前兆である。ひとたび外来者と考えられていた病気は私たちの国境と空港に到着しつづけ、もっと多くの感染者が発生するだろう。その後、病院と開業医に治療を求める患者が押し寄せる。

迅速な検査

「私たちは病原体のより素早い診断が出来ることを望んでいます」と医師のキャサリン・マグロウは言う。「私たちは結果を得るまで、多くの可能性をカバーするために広域抗生物質を使わなければならないケースがあまりにも多いのです（注12）」。マグロウはバーモント州ブラットルボロの地方病院の主任医師である。この病院は二十四の町と村にわたる約五万五〇〇〇人に対応している。「私は敗血症が大きい問題だと思っています。もし、脳機能障害とその他の種類の命を脅かす感染に対して、有害な抗生物質または抗ウイルス剤で処置しているところで、感染の迅速な検査があればどうでしょうか?」。あるいはもし入手可能で、頼りになる「臨床検査」がＭＲＳＡ［抗生剤（メチシリン）が効かなくなった黄色ブドウ球菌」で出来ればどうだろうか？　来院した患者がMRSAに感染の疑いがある時、血液は実験室に送られる。診断が確定するまで平均二日か三日かかると、病理学主任のクリストファー・アップルトンは言う（注13）。その時まで、病菌は広がり、建物の表面や保健従事者あるいは同室の患者に感染する可能性がある。反対に、とマグロウは言う。「もし、ある患者に感染歴がある場合――入院が必要となり検査結果がシロと出るまでは、処置をされることになるのです」

「まだ私たちはスタッフの全員の試料を培養していますが」とアップルトンは言う。「私たちが、迅速検査が出来ない時には、それを培養します」。アップルトンはクロ・ディフとその他いくつかのものへの感染のための迅速検査を用いる一方、その試験結果がどうであっても、後に培養するという。さらに彼等は関節置換手術からの液を常習的に培養する。「私たちはそれをプロプリオニバクテリウム菌のために培養します。それは人びとの皮膚にも感染し、座瘡［ニキビなどの皮膚病］に関係しています」。この細菌は通常は私たちの皮膚、口、耳の上で平和的に共存しているが、整形外科と移植手術で発生すると、深刻な問題を起こしうる病原体である。この特別な病菌は、酸素がほとんどない時に繁栄するが、それはある培養基で数日か数週間かけて成長する。「私たちは今でも昔のようなことをしています。地方病院の中の微生物学はしばらく時間がかかるのです」とアップルトンは言う。ブラットルボロは特別な町ではない。アメリカ合衆国には一八〇〇以上の地方病院がある（注14）。手に入る迅速検査が乏しいので、アップルトンのような小さい実験室はより大きい大学病院か診療所に、特殊な検査の試料を送る。より一般的な試験は病院内で行う――それは時間と費用の間のバランスによる。「私たちは良いシステムを持っています。私たちはバーリントン［カナダの都市］のバーモント大学に多くの試料を送ります。そして、もし彼等がその試験が出来なければ、メイヨー・クリニック［ミネソタ州ロチェスター市の総合病院］に送ります。時間はかかりません。――うちの病院は配送業者が毎日来ます」。二十四時間あるいはそれ以下の所要時間で、彼等は培養を進める。速やかであるが、病院で待っている間に結果がわかる迅速妊娠検査のようなものではない。

赤ん坊を持つことはある感染症にかかることと同じではない。しかし、妊娠の迅速検査は「オイルゲージ」［自動車のオイルタンクに棒を差し込んで、オイルの残量を測る方法］のような診断の道を踏み固めた。妊娠検査は画像的な迅速検査である。数分の検査で、あなたは、妊娠したかどうかを知る。ひとたび、一個の受精卵が子宮の壁に植え付けられれば、細胞はヒト絨毛《じゅうもう》性ゴナドトロピン（ｈＣＧ、よく知られた妊娠ホルモン）を放出し始め、そのｈＣＧの幾らかが尿の中に分泌される。初期の妊娠過程で濃度が高まり着床の数週間後に最高になる。多くの検査キットが市場で売られており、最初の月経停止後、一日かそこらが最も正確で、あるいは着床後ほぼ二週間――多少の出入りはあっても――で、およそのことがわかる。妊娠検査の魔法の杖は抗原のために特異的な抗体を持っている。抗原と抗体が結合すると、この検査はさしせまった妊娠を青い線、あるいはピンク、あるいはプラス印で知らせる。あるものは「妊娠」と字を綴りさえする。一九七〇年代のはじめに、「浸して―読む」色の診断として開発された、最初の急速妊娠検査は失敗だった。しかし、この概念はゆきわたった（注15）。二、三年後、いわゆるＥＬＩＳＡ《エライザ》検査（酵素結合免疫吸着法）がタンザニアでマラリアを検出するために開発され、抗体、抗原、そして色の結合の力を証明した。反応が良く的確な検定法として、この検査は診断の扉を開いた。ホルモン、毒素、抗体、そしてＨＩＶから肝炎、クロ・ディフとその毒素まで、感染症にかかった人を即座に検出した。エライザ検査は医学的診断に革命を起こし、診断を実験室に結びついた設備から解き放ち、診断時間を数日か数時間から数分に圧縮した。「かえりみると」と開発者の一人は書いている。「私は簡単な妊娠検査を開発する初期段階から今までの進歩に、驚きつづけている！（注16）」

マグロウ病院は一〇〇以上の迅速検査を使用している――それぞれが異なる診断目標を持つ。多くはエライザであり、大部分は感染性の病気以外の健康に関連した指標である。薬品、精子、妊娠、腎臓と肝臓の指標、そしてブドウ糖の試験がある。一ダースくらいは病原体を目指し、その中には特殊な呼吸器ウイルス、レンサ球菌、あるいは、クロ・ディフの抗原がある。クロ・ディフとＭＲＳＡのような感染は、特に院内感染で増えており、その検査は患者の心痛をなくすだけでなく、病院の費用も軽減する。病院は抵抗性記録あるいは普通の病原体における抗生物質抵抗性の年間記録を編集する。それは医師がデータにもとづいて判断するのに役立つ。院内感染に対処するため数十億ドルの費用がかかる。感染によっては抵抗性のある病菌が処置費用を倍増させる。アップルトンは、クロ・ディフのような感染においてエライザは最初の段階であると言う。この検査はその病菌の存在を示すのには十分に有効であるけれども、単にクロ・ディフを持っている患者と、その有毒な系統を持っている人とを区別することは出来ない。「もしその検査で、クロ・ディフが見つかったら、その系統を調べるために分子検査へ進めることが出来ます。私たちはちょうど起き上がって走りだしたところです」。クロ・ディフの第二打はＤＮＡにもとづく検査であり、それはより詳しい情報を提供する。エライザは保健従事者が検査キットに浸して診断することが出来るが、アップルトンが指摘するように、この検査にはフォローアップが必要である。時には、私の夫のベンのように、抗生物質が正確な診断の前に処方される。

DNA検査の進歩と弱点

犯罪ドラマの愛好家は、犯人のグラス、ヘアブラシあるいは口紅のDNAは、最も注意深く計画された犯罪を解明出来ることを知っている。初期のDNA分析は沢山の試料を必要としたが、今では診断のためにDNAの最小の痕跡を一〇〇万倍あるいは一〇億倍に増幅出来る。少数の分子あるいは一つの遺伝子さえDNAプローブによって取り上げられ、増幅し複製することが出来る。何回もくりかえし。この種のPCR（ポリメラーゼ連鎖反応）技術は、DNAを急激に増加させる方法で増幅する。アップルトンのような実験室では試料をバーモント大学あるいはメイヨー・クリニックに送るが、そこでは分子解析のための技術者、設備、そして専用の実験室を持っている。もし彼等が幸運であれば、PCRが、その感染が抗生物質抵抗性であることを数時間内に確認する。この追加された情報は生命を救うことが出来る。しかし、そこには問題点がある。PCRはDNAの中の特定の部分を増幅する。それは毒を生産するクロ・ディフあるいはクラミジア［性器感染症の一種］に特定の遺伝子配列か、あるいは病菌が抗生物質に抵抗することを可能にする遺伝子である。それは効果の高い検査であるが、特定の遺伝子配列だけを増幅させるので、その遺伝子があるかないかしかわからない。

そして、他にも注意点がある。ほとんどの診断でも、検査には誤差があり、感染していない時に、感染があるという結論に導いたり、感染があるのにないと言ったりする。このような誤診が起こるのはPCR検査の一つの欠点である。特に、PCRの強さの一つ――感度――はその最大の弱点の一つでもある。この検査はあまりに敏感なので、空気中にただよっている（実験室の椅子の上、診察者の手袋をはめた手の上、あるいはピペットの中）かもしれないDNAが、試料を汚染する可能性がある。その

DNAのある部分がPCRの目標に適合した時、増幅され、何もない時に感染があると示すかもしれないのだ。二〇〇六年にダートマス・ヒッチコック［ニューハンプシャー州レバノンの医療センター］の医師と保健従事者が数週間咳がつづいているのを見て、感染病の専門家は百日咳が病院中に広がったのではないかと疑った。そのため、病院は確認のためにPCR検査を行った。その当時は、その検査は比較的新しい診断方法であった。病院に送られた結果によると、一〇〇例以上が陽性だと診断された。一〇〇〇人以上の保健従事者が抗生物質で処置された。そして四〇〇〇人以上の従業員が数日のうちにワクチン接種された。追跡試料が培養のために送られた。しかし、疑われた犯人のボルデテラ・パーツシス［百日咳菌］はゆっくり成長する。一週間以上の培養のあと、百日咳の細菌は見つからなかった。追跡血液試料は抗体に対して否定的であった。CDC［アメリカ疾病予防管理センター］によって行われたPCR検査もまた否定的であった。

大発生はなかった。しかし同じ二〇〇六年の暮れに、マサチューセッツ州のある病院もまた、PCRをもとに百日咳の感染を誤って診断し、数ダースの保健従事者が感染したと発表された。その二年前、テネシー州ではPCRを用いた一人の幼児の診断で、保健従事者と接触した可能性のある住民に対して検査と処置を始めた。最終的には、幼児だけが感染していたことが培養によって明らかになった（注17）。ダートマス・ヒッチコックについてニューヨークタイムスが、「大発生ではなかった」と記事にした時、一人の感染症の専門家は、「それはあなたが二つの害悪の小さい方を選ぼうとするのに似ている」とコメントした。あなたが野火のように共同体中に広がる、ある感染に直面する。その時、あなたは数週間かかる培養を待つか、誤診もありうる分子検査を用いるか？　その検査は万能ではない。しかし百日咳のような病気では迅速な診断が決定的となる。ダートマスの誤診は十年以上前に起こったもので、――私たちはハイテクな分子世界の中に入ったばかりであった。今では、ＰＣＲはもっと確実になり――ますます精度が上がり誤診が起こりにくくなった。なお、こうした改良にもかかわらず、ＣＤＣは培養による追加確認を勧告している（注18）。

結核はもう一つの有名な生育の遅い病菌で、培養には数週間かかる。――その間に、一人の感染者から感染が拡大する可能性がある。ＧｅｎｅＸｐｅｒｔ《ジーンエキスパート》［全自動遺伝子解析装置］はそれを防ぐために設計された。これは、十年前に医療機械メーカーのセフィード社によって開発された小さい箱形の機械で、抵抗性の結核感染を数時間以内に検出するのにＰＣＲを用いる（注19）。また、検出過程でカートリッジを用いる。通常、専門技術者が、閉鎖された空間の中で解析を行い、汚染や人的ミスの可能性を減らしている。それは培養より効果的で――より費用がかかる。しかし、この検査は結核感染を追跡する機会を提供し、アフリカ、インドとその他の地域で確立されるようになった。そこで、ゲイツ財団を含む国際的組織から多額の補助金を得て、二〇〇〇基の機械と数百万の結核検査用カートリッジが、アフリカ、東ヨーロッパとアジアに送られた。世界保健機関によれば、結核診断の時間を減らすことによって、ジーンエキスパートは六万人以上を救った（注20）。医療微生物学者のジャスティン・オグレディは「この機械は、迅速検査の理想型です。宅配便でバーモント大学やメイヨー・クリニックに検査試料を送るように、遠隔地にＰＣＲを持ち込むのです」（注21）。

クリストファー・アップルトンのような病理学者はこれらの道具が、感染率の低い小規模病院に入手可能になる日を待っている。カートリッジ、検査カード、あるいは検査板などにかかる費用はそれ程ではないが、機械の費用は数万ドルあるいはそれ以上で、検査費が高くなってしまう（ある投資アナリストは次のように書いている。ジーンエキスパートの一機、あるいは一試験あたりの費用は、他のメーカーのものよりも高いが、その費用は院内感染が少ないことによって節約される金額とバランスがとれている）。その間にＦＤＡは、毎年、数ダースの新しい検査を承認しつづけている（注22）。資源が限られた病院がより進んだ検査を求めるならば、慎重に選ぶ必要がある。エライザ以外の院内検査のために、アップルトンはＶｉｔｅｋ《バイテック》［自動細菌同定感受性検査装置］に頼っている。地球圏外から戻った宇宙飛行士を検査するために、ＮＡＳＡ［アメリカ航空宇宙局］によって開発されたこの器具は、病院の研究室でも使われるようになった。フランスのバイオ・メリュー社が販売しているこの機械は、ある微生物を他の微生物から生化学的に区別するもので、試験培養に代謝的、化学的な処理を行い、その中には抗生物質も含む（注23）。この会社は一〇〇種の生物を識別出来ると主張している。しかし、バイテックを使う前に、試料は八時間から二十四時間培養されなければならない。アップルトンは言う。「とはいえ、バイテックはそれをとても速く識別します」。微生物学は常に時間がかかることを残念そうに認める。バイテック、エライザ、そしてＰＣＲのような検査手段は病院や開業医でもますます手に入りやすくなる。それは十分ではないが。あるものは速いが正確でない。あるものは正確だが高価である。診断には限界がある。いかなる病原体も、いかなる組織においても、手っ取り早く識別するような、奇術的なオイルゲージや魔法の杖はない。

　あなたは「普通の容疑者」に適合しない症状を持った一人の患者をいかに診断するか？　ジカ熱が突発した時、保健従事者は大急ぎでその進行を監視したが、迅速な診断は手に入らなかった。今や、診断はある。しかしその供給は限られている。二〇一六年の大発生の最中、検査のためにCDCに送られた試料は結果が出るまで三週間以上かかった。その時に検査されたすべての人は「健康な病菌保持者」であった。迅速な診断は病気のためのものではなく、外見上健康な人のためのものである。特に、元気だと感じるような人びとが感染を広げうる。私たちは速く、正確で、反応が良く、広い診断検査を必要としている。――今、少なくとも一つの選択肢として、ＭｉｎＩＯＮ《ミニオン》が世界中の研究実験室の輪を作りつつあり、前途有望である。

診断は暗号で

診断の欠乏は抗生物質抵抗性についての世界的な不安の増大と組み合わされて、個人投資家と、同様に政府の注目が集まっている。そして、最近、資金が流れ込み始めた。二〇一二年にクアルコム社［アメリカのデジタル・ワイヤレス通信機器メーカー］が、Tricoder X Prize《トリコーダー・エックスプライズ》を発表した。それは二〇一七年までに、映画「スタートレック」に登場した医療用スキャナ「トリコーダー」――モバイル式の医療診断機器を開発した最初のチームに一一〇億ドルを与えることを約束した。二〇一五年にアメリカ国立衛生研究所は抵抗性病原体を三時間以内に識別する診断装置のために、一年目に一一〇億ドルの資金を提供した。そして同じ年に、ＥＵの Horizon《ホリゾン》 Prize《プライズ》は、患者が抗生物質を必要とするかどうかを安く、速く、使いやすく、最小の試料で検査するために一〇〇万ユーロを約束した。ある新技術はすでに多くの実地試験を行っており、あるものは医学診断中である。それはナノポアＤＮＡシークエンシングである。ＰＣＲのようなＤＮＡ試験は、特定のＤＮＡプライマー［ＤＮＡ複製の反応の引き金になる短い

DNA断片」あるいはプローブを用いるが、ナノポアシークエンシングはどちらも必要としない。次世代のシークエンシング技術が私たちの体の中とまわりの微生物世界を明らかにしたのとちょうど同じように、それらは私たちを病気診断の最高目標に導くものである。それは、いかなる病原体であっても、どこでも数分以内に識別する道である。

ジャスティン・オグレディはPCRによる診断の研究に長年たずさわってきた。PCRは多くの成功をおさめてきたが、彼はこの方法は本当に機能してはいなかったという。なぜならば、「PCRはあなたが尋ねた質問の答えだけしか提示することが出来ません。あなたは、あなたが探しているものだけを見つけられるのです」。今や彼は、初期の採用者あるいはアルファーテスト［コンピュータソフトで開発初期の試作版に実施するテスト］と同様に、オックスフォード・ナノポア・テクノロジーズ社によって開発されたMinIONと呼ばれる装置を使っている。MinIONはDNAシークエンサーの一つで、オグレディのような研究者が診断のために取り入れている（注24）。オグレディがアピールする点は、その速さ、低価格、そして、微生物を識別する広い容量である。この装置では、あらかじめ選ばれた微生物のDNAシークエンスを決める必要はない。どんな微生物でも、MinIONはある単一の核酸の紐がナノ［一〇億分の一メートル］ポアという見えないほどの小さい穴を通る時、それぞれのDNA塩基を読み取る。それは、一冊の本の中から、選ばれた文字だけを読み取るのではなくて、いかなるランダムな言葉も読み取ることに似ている。

アメリカ合衆国国土安全保障省［DHS］、国立生物防疫分析対策センター［NBACC］のゲノム学主任ニコラス・バーグマンは、MinIONとGene Xpertのような診断機械との違いを説明する。「それらはすべて核酸をもとにしています。実際上二つのカテゴリーの方法があります。――それは作用原因が特定されているか不特定かです（注25）。MinIONのようなナノポアシークエンシングは作用原因が不特定でもよいのです。しかし、PCRにもとづく試験は『病原体Xは私の試料の中にありますか？』と尋ねなければなりません。しかし『私の試料の中に何がありますか？』というより広い質問には不適当なのです」

マグロウは言う。「『私の試料の中に何があるか』がわかるのは医師が『不明熱』の患者、あるいは起源の不明な熱病に直面した時の夢です」。診断出来ない患者の状態が悪化しつづける時、「感染病のコンサルタントが呼ばれ、患者はこれまで何にさらされたかを質問されます。しかし、私たちは可能性のあると思われることを試験するしか出来ません」。

私たちの隣人のブルースは最近、発疹、関節痛、そして微熱で寝込んだが、それはメキシコへの旅で拾った虫による細菌か、裏庭からきたライム病か、それとも全く別のものによるものであった。彼の医師は、知る方法がなかった。そこで、週末を挟んで、診断なしに、なんでもカバーするように二週間分のドキシサイクリン［抗生物質］を処方したが、ブルースは不安を抱いたことだろう。もし犯人がウイルスであったら、抗生物質は役に立たない。しかし、そのかわり、もしブルースの医師が病原体Xの名前を数時間――あるいは数分で吐き出せる機械を使えていたらどうだろう？　これまでとは違った方法で問題に取り組むのだと、オグレディは言う。「あなたはシークエンスしてそこに何があるかを見つけます」。オグレディとバーグマンは共に、この種の素早い読み取りが、今後主流となると考える（そして、二〇〇七年のように「そこに何が出るか」は、これまでシークエンスされてきた数千の人間、植物、そして動物の細菌病原体のどれかである（注26）。MinION装置はポケットに入るように十分に小さく、ノートパソコンに接続し、数時間以内に細菌、ウイルス、そして比較的小さいゲノムの他の生物を正確に識別する（注27）。

ブルースのような決定的な診断なしに処置された患者のために、そして、処置するかしないか、するとしたら何かを予想しなければならない保健従事者のために、この種の技術はすぐにでも取り入れたい。いかなる新しい技術もそうであるように、そこにはあるねじれがある。オグレディにとって一つの問題は、あまりにも多くのDNAがあることである。血液を考えてごらんなさい。一ミリリットル（スプーン一杯の四分の一以下）の中に、数十億の赤血球細胞と数億の白血球細胞――侵入から私たちを守る免疫細胞――がある。赤血球はDNAを持たない。しかし、白血球はそれを包み込んでおり、各細胞は全ヒトゲノムを含んでいる。しかし、猛烈な感染でさえも、とオグレディは言う。一つの試料は一個から一〇個の細菌を持つことが出来、それぞれはそれ自身よりはるかに小さいゲノムを持つ。「そこで、このとんでもない一〇〇億対一の比を、一〇対一に減らす必要があります。それから、シークエンシングが出来るのです。私たちはそれが出来ます」とオグレディは言う。「私たちは人間のDNAの九九・九九九五パーセントを除くことが出来ます。そして私たちは本当の患者から検出します……病原体と抗生物質抵抗性遺伝子を」

尿路感染（UTIs）は抵抗性で名高い。これが抗微生物剤の開発者のための良い標的であり、コリスチン［抗生物質］抵抗性が驚くべき結果をもたらす理由である。さらに、細菌が定着しても症状が出ない人から、感染をこうむった人を見分けることが難しい。けれども尿はより少ない細胞を運ぶので、細菌のＤＮＡは血液よりも分離しやすい。オグレディは、人間のＤＮＡの九五パーセントを効果的に取り除くのに約一時間かかると言う。そして、敗血症とは違って、尿路感染は特に細菌がうようよいる。「私たちは尿試料をとり……人間のＤＮＡを取り除き、細菌のＤＮＡをとり、そしてシークエンシングします。――病原体とすべての抵抗性遺伝子を合計四時間で手に入れます」。全ＤＮＡの急速シークエンシングは形勢を一変させる。

これらの作用因が不特定の場合は、とニコラス・バーグマンは言う。「特別に強力な方法を使えば、基本的にいかなるもの、すべてのもの（その中には世界がこれまで決して見たことがない病原体を含む）を検出することが出来ます」。この特性は以前に大発生した病原体を止めるために、非常に有効であることが証明されるであろう。エボラ出血熱が二〇一五年の大発生で、西アフリカで荒れ狂うと、人間の病気のゲノムを研究しているニコラス・ローマンと共同研究者は、一万五〇〇〇件以上のケースが報告されているのに、その病原体のためのゲノムシークエンスがないことにショックを受けた。それに対応して、彼等は現場での試験にMinIONを採用した。「私たちにとってエボラのシークエンシングはナノポアで可能でした（それは、ナノポア技術を使うことである）。それはポータブルの診察室を西アフリカ中に置いたことに近かったのです」とその経験について、ローマンは書いている。試料を取って二十四時間以内に、彼のグループはウイルスの中の突然変異を検出することが出来た。これは、急速シークエンサーのもう一つの大きな利点を明らかにした。多くのウイルス、特にインフルエンザは、突然変異をする能力で悪名高く、それが処置と予防を阻む。リアルタイムでこれらの変化を捕まえることが出来ることは大きい。ローマンは書いている。「私たちはいま新しい技術とアイデアを合流させて、疫学と公共的な健康監視が出来る道を作りつつある（注28）」

ローマンの学生であるジョシュア・クイックはエボラをシークエンシングするためにギニアに赴いたが、この方法は一部の研究室でしか出来なかった検査を誰でも出来るように民主化するものだと言っている（注29）。それはまた、近くでも遠くでも、目に見えない脅威に対する人間の強みを与えるものとなろう。「私は間もなく生物学的監視がゲノム学に適用されることを誰もが期待すると考えます」とバーグマンは言う。「私は今、『何でも検出する』ことの優位性を主張します」

道半ば

二十一世紀の診断は医療を集中治療の時代に動かすことが出来る。抗生物質は細菌の特定の系統に目標を定め、他の害のないものは残すバクテリオシンとファージ治療のような、感染により適したものとなる。私たちは味方を傷つけることなく、自然の敵を追いかけることが出来る。しかし、診断検査がますます正確になるに従って、克服すべき障害がまだある。「ものぐさ」がその一つである。特に、アメリカと他の先進国では、病院と診療所は車ですぐの所にいくつかのフロアがあるような、贅沢な研究室を持っている。「彼等はすでに道具、設備、あるいは実験室のスペースに資金を投資しています」と医師、技術者、そして診断学とスマートテクノロジーの改革者であるセイラ・セリモヴィッチは言う（注30）。「彼等が新しい道具を使うようになると確信出来るでしょうか？　彼等は今ある研究室で必要とされる解決策について考えているに違いありません。アメリカの研究室と開業医は資金が乏しいのではありません。彼等は自分が良いと思う装置を持っています。なぜ迅速診断に変える必要があるのでしょうか？」。

セリモヴィッチが言うにはアメリカで診断の能力が整っている一方で、村の診療所が研究室から一日か二日かかる所にある開発途上国で十分な検査ができない。「これは迅速診断が絶対的に必要な場所です」

そして、セリモヴィッチはあきらめのニュアンスで付け加える。「疑いの余地はありません。しかし新しい技術を採用することにためらいがあるのでしょう。使い方を学ばなければならないのと、優先して処理しなければならないことがある。壁に突き当たるまで、『何の問題もないので、今まで通りつづけましょう』という感じです。そして、すでに私たちが抗生物質抵抗性病原体について壁に突き当たっているかどうかを私は知りません」

バーグマンもまた、研究所内の怠慢のせいで新しい方法の採用が遅いと言う。「私は検出／診断実験室の装置、訓練、スタッフ募集、必要経費について重要な再編成を行うでしょう。結論を言えば、誰もが行きたい場所が見えているのに、そこまでの道のりは誰も知らないということです」

もし、私たちが抗生物質を保持し、私たちの微生物群と共に働き、世界中で病気の大発生を本気で阻止するならば、細菌、ウイルス、原生動物、そして菌類の速く、正確な識別を行うことは必須である。私たちは有益な微生物群を守り、維持する一方、クロ・ディフ、MRSA、淋菌、そして結核菌のような日和見的病菌をゼロにする必要がある。これらの二十一世紀の技術は診断を新しい時代に導くことが出来、私たちの自然の味方の協力を仰いで、敵とわかる場所で、それに対して防御することが出来る。

エピローグ

「私はミシシッピーで生まれ育ちました。――エアコンなどない頃で、誰もが窓を閉め、家のまわりにDDTを散布しました」と科学者のクロード・ボイドは回想する。「町の人びとは蚊を防除するために噴霧器にDDTを入れ、毎日午後に通りに出て行きました。彼等はそれを至る所に散布したのです。それはうるさいものでした」

ボイドは水産養殖で功績をあげ、今はオーバーン大学の名誉教授である。修士学生の時、彼はカエル、魚、鳥を、農薬漬けのワタ畑に隣接するバイユー［アメリカ南部の支流や入り江］と沼地で採集した。彼は死んだ生きものを数えて、化学物質が野生動物の進化に影響した最初の兆候を見つけた。これらの農薬の多くは、今では禁止されているが、一九四〇年代から五〇年代まで、生産者が一シーズンに一ダース以上の農薬を散布することは普通であった。

ボイドは私の両親のように、「化学でより良い生活を」全盛の中で育った。化学企業は私の父の命を救った薬を生産した。その農薬は蚊に由来する病気を防ぎ、ゾウムシ、黒腐病、ヨーロッパアワノメイガに包囲された生産者がワタ、トウモロコシ、コムギを収穫することを可能にした。ボイドは二十世紀の革新を評価する一人として、私に語った。「ある化合物は廃止すべきですが、それら（化学物質）は食料生産と人間の健康のために絶対に必要です」。しかし、と彼は言う。「責任を持って、それらを使う必要があります」。彼は、この本の至る所で強調した、改良された診断と目標を持った処置における責任に気付いている。

抑制と正確さは半世紀前の計画には入っていなかった。その時、ボイドは一人の詮索好きな学生としてワタ畑に採集に出かけた。今日、私たちは害虫と病原体を化学物質によって破壊しても、単純に撃退出来ないことを認識している。私たちは生態学、生物学、化学、そして遺伝学からより良い情報を得る必要がある。目標は抗生物質と農薬が効果を保ちながら、私たちの自然の味方——私たちの腸の中の微生物から農場にいる有益な微生物と昆虫に至るまで——を維持することである。私たちはこれまでの全面的戦争から、昆虫と細菌を含む「野生生物」の新しい理解にもとづく管理へと戦略を変えつつある（注1）。

新しい科学技術は、私たちを、かつては目に見えなかった世界に導いてきた。今や、私たちが無数の微生物のただ中に生きていることを知っている。そして、ゲノム学は私たちの体内、皮膚、根、芽、そして、植物のまわりの土に生存する一兆の細菌の種類を特定するまでになった。これらの微生物のあるものは危険であるが、大部分は植物、人間、そして他の生物に有益である。遺伝子工学における進歩もまた、新しいワクチンや、病気に抵抗し、殺菌剤を減らすように改良した植物を作り出している。

これまでの各章で、私は防除、予防、そして診断の戦略のうちの一握りに光を当ててきた。それぞれの章は容易に、一冊の本になる。なぜならば、そこには新しい抗菌剤、より良いワクチン、そして、より速い診断のための数百の進行中の研究があるからである。私の目標は、勝者を取り上げるのではなくて、害虫と病気の管理における可能性を探求することである。あなたがこの本を読む時までに、これらの処置の一部は保健従事者と農業生産者の手に入るだろうが、他のものはそうでないだろう。ある化学物質は、自然由来のものでさえ、あまりにも毒性が高い。製造するのにあまりにも費用がかかる。研究室では実験のための資金が乏しい。ワクチンは効果的であるが、その効果は十分とは言えない。新しい診断は反応が良すぎる。しかし、これらの研究努力は、次世代の解決のための土台を築くであろう。前世紀には、私たちは自然を支配しようと試みたことで痛い目にあった。今度の世紀は新しい知恵を授ける。

害虫と病原体は常に存在する。黄色ブドウ球菌、結核菌、エボラ出血熱と淋菌のような、病気の原因となる細菌は今後も発生するだろう。蚊、アブラムシ、蛾もいるだろう。農業生産者は永久に害虫と雑草を防ぐであろう。これが、なぜ、私たちが害虫と病原菌を消滅させる戦術を考え直す必要があるかの理由である。この戦術はうまくいかない。彼等は生きのびる。たとえ私たちがある目標の害虫を成功裏に破壊したとしても、別のものがそこに現れるだろう。

私たちは生態学を重視しなければならない。あまりにも長く、私たちは自身を自然から切り離してきた。人間の健康と農業システムは共に、それらが健全に機能する生態系の一部として存在する時により強くなる。自然は私たちを必要としないが、私たちには自然が必要だ。

私たちは微生物に満ちた世界の中にいる少数の大型生物である。私たちはちょうど、細菌がどこにいるか、いかに他と相互作用しているかの詳細を発見し始めている。しかし、私たちは今、微生物群が人間と農業の両方の健康に対して必須であることを極めてわずかしか理解していない。もっと学ぶために、今、ゲノム学とメタゲノミクスのような手段が必要である。そうすれば、私たちはこれらの自然のシステムを支えるより良い手段を開発することが出来る。

私たちは白と黒の世界に住んでいるのではない。私たちはつい農薬を使う生産者を避け、あるいは抗生物質を予防手段として処方する医師を軽蔑したくなる。しかし、そのような反応はあまりにも単純で、偏っており、危険である。生命は複雑である。私たちは恐れから反応するよりも、より良い情報と共に行動するべきである。

自然それ自身は有力な味方である。私たちは細菌からの抗菌剤、細菌を攻撃するウイルス、フェロモンの生産、そして害虫と病原菌に協力するものを私たちの便益のために利用することが出来る。ある自然の解決法は本質的に合成化学物質より安全である。しかし、自然イコール安全ではない。自然は最も強力な毒素のあるものを生み出す。

特異性は二次的な損害を減らす。微生物群や生態系を保つため、我々がターゲットにしている抗生物質と農薬は特定の病原菌・害虫と闘う。しかし、対象が限定的だと、企業の研究や開発、一般への普及の機会が減ると思われがちである。精度の高さが、便益を損なうことはない。

迅速診断が基本である。問題がより速く識別されれば、より効果的に処置することが出来る。私たちは、目標を定めた処置を行う時、誰と何に対して闘うかを知る必要がある。医学と畑における診断はより良い解決にとって不可欠であり、特に専門家のアドバイスが隣の町に及ばないか、あまりにも費用がかかる時にそうである。機械学習と遺伝的シークエンシングは診断に革命を起こす。

予防に勝る治療はない。ＧＭＯは抵抗性遺伝子を提供し、植物の反応を向上させる一方、ワクチンは私たち自身の免疫反応を刺激する。予防はまた農薬と抗生物質への依存を減らす。

最良の解決法は、もしそれらが手に入らなければ、役に立たない。私がインタビューした幾人かの科学者は、大規模農業経営と大製薬会社が、新技術の普及の鍵であることを信じている。しかし彼等は私たちの希望とは逆を行く。それでも、彼等は資金、研究室、そして市場への販路を持っている。もし、彼らの協力が得られれば、環境汚染や健康被害のない未来が開ける。「モンサント効果」を用心する多くの科学者が、企業の助けなしに必要な製品を手に入れ、規制がより良く働けば、コストダウンを助け、独自開発を推進することが出来る。

奇跡の治療はない。私たちのまわりにはコーヒー、ビタミンＣ、あるいは太陽光の健康効果を謳う宣伝が溢れている。そして、そうした宣伝は新しい研究によって効果が否定されたとたん、一日でみえすいた見出しになる（微生物が農場を救う！　要求に応じたワクチン！）。そして、次には失望になる。**宣伝は科学ではない**。定時ニュースとは独立して、科学者は前に進む。解決法の多くは、この種の科学の進歩から生まれるであろう。

私がこの本を仕上げたことを聞いて、一人の友人が私を祝ってくれて、「あなたは幸せにちがいない」と言った。イエス、そうです。この本を終わることを認めるけれども、それは私を不安にする。――なぜならば、科学は決して「終わらない」からである。私が昨日書いたことは一ヶ月後、あるいは六ヶ月後、あるいは一年後には時代遅れになっている。科学は動きつづける――そして最近ではあまりにも速く。しかし、この本には、特定の解決法は少ないが、解決法の性質がより多く扱われている。クロード・ボイドが野外での化学物質過剰の最悪事例を見た一方、私はタイム-ライフ［アメリカのグラフ誌］が、あっと言わせる技術を紹介した年の終わり頃に育った。私たちが新しい千年間［二〇〇〇年代］にじり進むと、私が若い時に驚いた生産物［抗生物質や化学合成農薬］は失敗しはじめた。それらは災害を作り出した。私はポスト、サイレント・スプリング［レイチェル・カーソンが『沈黙の春』を著し、農薬の過剰な使用が生命に危険をおよぼすことを告発した］世代の一人であった。この世代は父たちの化学的な罪に疑問を抱き、技術それ自体に疑問を感じた。しかし、今、技術は新しい贈り物を供給していることを私は信ずる。それは奇跡の産物ではなく、自然への新しい理解からの贈り物である。技術は世界がいかに複雑であるか、いかに環境は回復力を持つと同時に脆いか、そして、私たちの環境へのインパクトはいつまでつづくかを教える。これは、より慎重に行動し、闘い方を選ぶ上でのレッスンである。それを学べば、私たちは食物と健康を守るために、自然と共に働くことが出来る。

エピローグ

1. Carl Zimmer, "Tending the Body's Microbial Garden," *New York Times*, June 18, 2012, http://www.nytimes.com/2012/06/19/science/studies-of-human-microbiome-yield-new-insights.html, accessed November 30, 2016.

21. Justin O'Grady (Senior Lecturer in Medical Microbiology, Norwich Medical School, Norwich, UK), in discussion with the author, April 11, 2016. Note that all quotes attributed to O'Grady are drawn from this discussion and follow-up e-mails.
22. Caliendo et al., "Better Tests."
23. See the Biomerieux website: http://www.biomerieux-usa.com/clinical/vitek-2-healthcare, accessed August 10, 2016.
24. MinIONがシステムを研究者が使えるようにしたのとは対照的に、秘密裏に始動したセラノス社は、数滴の血液で数時間で検査ができる、低価格の検査技術を開発したと発表したが、その技術に問題があるとされ、信用が失墜した。
（会社とその没落についての多くの記事がある。Nick Stockton「セラノス社について、これまでのところ、あなたが知るべきすべて」Wired, https:// www. wired. com /2016/05/everything-need-know-theranos-saga-far /, accessed August 10, 2016.）を見よ。
25. Nicholas Bergman (head of the Genomics Department at the Department of Homeland Security's National Biodefense Analysis and Countermeasures Center, Frederick, MD), in e-mail correspondence with the author, April 28, 2016. Note that all quotes attributed to Bergman are drawn from initial and follow-up e-mails.
26. Mark Pallen and Brenden Wren, "Bacterial Pathogenomics," *Nature* 449 (2007): 835–42, doi:10.1038/nature06248.
27. Erika Hayden, "Pint-Sized DNA Sequencer Impresses First Users," *Nature* 521 (2015): 15–16, doi:10.1038/521015a.
28. Nick Loman, "Behind the Paper: Real-Time Portable Sequencing for Ebola Surveillance," *Lab Blog*, February 3, 2016, http://lab.loman.net/2016/02/03/behind-the-paper-real-time-portable-sequencing-for-ebola-surveillance/, accessed August 10, 2016; see also: Lisa O'Carroll, "From Ebola to Zika, Tiny Mobile Lab Gives Real-Time DNA Data on Outbreaks," *The Guardian*, February 3, 2016, https://www.theguardian.com/science/2016/feb/03/from-ebola-to-zika-tiny-mobile-lab-gives-real-time-dna-data-on-outbreaks; for the paper, see: Joshua Quick et al., "Real-time, Portable Genome Sequencing for Ebola Surveillance," *Nature* 530 (2016): 228–32.
29. Hayden, "Pint-Sized DNA Sequencer," 15.
30. Seila Selimovic (Program Director, Division of Discovery Science and Technology, National Institute of Biomedical Imaging and Bioengineering) in discussion with the author, April 2016. Subsequent quotations are drawn from this discussion.

.pdf, accessed August 10, 2016.
11. IPK International, "ITB World Travel Trends Report—2015/2016," http://www.itb-berlin.de/media/itbk/itbk_dl_all/itbk_dl_all_itbkongress/itbk_dl_all_itbkongress_itbkongress365/itbk_dl_all_itbkongress_itbkongress365_itblibrary/itbk_dl_all_itbkongress_itbkongress365_itblibrary_studien/ITB_World_Travel_Trends_Report_2015_2016.pdf, accessed November 10, 2016.
12. Kathleen McGraw (Chief Medical Officer, Brattleboro Memorial Hospital, Brattleboro, VT), in discussion with the author, April 16, 2016. Note that all quotes attributed to McGraw are drawn from this discussion and follow-up e-mails.
13. Christopher Appleton (Medical Director of Pathology, Brattleboro Memorial Hospital, Brattleboro, VT), in discussion with the author, May 17, 2016. Note that all quotes attributed to Appleton are drawn from this discussion and follow-up e-mails.
14. American Hospital Association, "Fast Facts on Hospitals," http://www.aha.org/research/rc/stat-studies/fast-facts.shtml, accessed August 10, 2016.
15. See: Eva Engvall, "Perspective on the Historical Note on EIA/ELISA by Dr. R.M. Lequin," *Clinical Chemistry* 51 (2005): 2225; see also: Bauke van Weeman, "The Rise of ELISA," *Clinical Chemistry* 51 (2005): 2226.
16. Van Weeman, "The Rise of ELISA."
17. Centers for Disease Control and Prevention, "Outbreaks of Respiratory Illness Mistakenly Attributed to Pertussis—New Hampshire, Massachusetts, and Tennessee, 2004–2006," *MMWR Weekly* 56 (2007): 837–42.
18. Centers for Disease Control and Prevention, "Pertussis (Whooping Cough): Best Practices for Healthcare Professionals on the Use of Polymerase Chain Reaction (PCR) for Diagnosing," http://www.cdc.gov/pertussis/clinical/diagnostic-testing/diagnosis-pcr-bestpractices.html, updated September 8, 2015.
19. Cepheid, "Our Mission," http://www.cepheid.com/us/about-us/inside-cepheid/our-misson, accessed August 10, 2016.
20. World Health Organization, "Largest Ever Roll-out of GeneXpert Rapid TB Test Machines, in 21 Countries," http://www.who.int/tb/features_archive/xpertprojectlaunch/en/; for a study of the test's efficacy, see: U. B. Singh et al., "Genotypic, Phenotypic, and Clinical Validation of GeneXpert in Extra-Pulmonary and Pulmonary Tuberculosis in India," *PLoS ONE* 11 (2016): e0149258, doi:10.1371/journal.pone.0149258.

Online 26 May 2016, http://aac.asm.org/content/early/2016/05/25/AAC.01103-16.full.pdf+htmldoi:10.1128/AAC.01103-16.

3. "Longevity Bulletin," from the Institute and Faculty of Actuaries, *Antimicrobial Resistance* 8 (May 2016), ISSN 2397–7221, Longevity%20Bulletin%20Issue%208%20FINAL%20FOR%20ONLINE.pdf, accessed August 10, 2016; Centers for Disease Control and Prevention, "Antibiotic and Antimicrobial Resistance," http://www.cdc.gov/drugresistance/, updated July 14, 2016.
4. National Institute of Allergy and Infectious Diseases, "Antimicrobial (Drug) Resistance—Quick Facts," https://www.niaid.nih.gov/topics/antimicrobialresistance/understanding/Pages/quickFacts.aspx, updated March 20, 2014.
5. Martin Blaser, "Antibiotic Use and Its Consequences for the Normal Microbiome," *Science* 352 (2016): 545.
6. Pranita D. Tamma and Sara E. Cosgrove, "Editorial: Addressing the Appropriateness of Outpatient Antibiotic Prescribing in the United States," *Journal of the American Medical Association* 315 (2016): 1839–41, doi:10.1001/jama.2016.428. (The authors of this editorial comment concluded that "these data are vulnerable to some important limitations largely related to necessary assumptions made by the investigators that may have led to an underestimation of the burden of inappropriate antibiotic use.")
7. For a review, see: Angela M. Caliendo et al., "Better Tests, Better Care: Improved Diagnostics for Infectious Diseases," *Clinical Infectious Diseases* 57, suppl. 3 (2013): S139–70.
8. Kalorama Information, "The World Market for Infectious Disease Diagnostic Tests," November 1, 2015, Pub ID: KLI5721838, http://www.kaloramainformation.com/Infectious-Disease-Diagnostic-9367616/, accessed August 10, 2016; for a report on why we need diagnostics, see: "Rapid Diagnostics Stopping Unnecessary Use of Antibiotics," *Review on Antimicrobial Resistance*, October 2015, http://amr-review.org/sites/default/files/Rapid%20Diagnostics%20-%20Stopping%20Unnecessary%20use%20of%20Antibiotics.pdf, accessed August 10, 2016.
9. Joseph Schwartzman (Dartmouth Hitchcock Medical Center, Lebanon, NH), in e-mail correspondence with the author, June 2016.
10. International Trade Administration, National Travel and Tourism Office, "Fast Facts: United States Travel and Tourism Industry—2014," http://tinet.ita.doc.gov/outreachpages/download_data_table/Fast_Facts_2014

"Extension, Beyond Traditional Academic Jobs," *Science*, May 16, 2016, http://www.sciencemag.org/careers/2016/05/extension-beyond-traditional-academic-jobs, doi:10.1126/science.caredit.a1600078, accessed August 10, 2016.

21. As quoted in a news release from the École Polytechnique Fédérale de Lausanne, "Smartphones to Battle Crop Diseases," November 11, 2015, http://actu.epfl.ch/news/smartphones-to-battle-crop-disease/.
22. Pew Research Center, "Cell Phones in Africa: Communication Lifeline," April 2015, http://www.pewglobal.org/2015/04/15/cell-phones-in-africa-communication-lifeline/; Pew Research Center, "Smartphone Ownership and Internet Usage Continues to Climb in Emerging Economies," February, 2016, http://www.pewglobal.org/2016/02/22/smartphone-ownership-and-internet-usage-continues-to-climb-in-emerging-economies/.
23. "Ericsson Mobility Report on the Pulse of the Networked Society," February 2016, http://www.ericsson.com/res/docs/2016/mobility-report/ericsson-mobility-report-feb-2016-interim.pdf.
24. Lloyd.
25. Alan Turing, "Computing Machinery and Intelligence," *Mind* 59 (1950): 460.
26. Neeraj Kumar et al., "Leafsnap: A Computer Vision System for Automatic Plant Species Identification," in "Computer Vision—ECCV 2012 Series Lecture Notes," *Computer Science* 7573 (2012): 502–16.
27. Leafsnap dataset, http://leafsnap.com/dataset/, accessed August 10, 2016.
28. Marcel Salathé (associate professor, School of Life Sciences, School of Computer and Communication Sciences, École Polytechnique Fédérale Lausanne) in correspondence with the author. Note that all quotes attributed to Salathé are drawn from this correspondence, unless otherwise noted.

第8章

1. E. Sapi et al., "Improved Culture Conditions for the Growth and Detection of Borrelia from Human Serum," *International Journal of Medical Sciences* 10 (2013): 362–76, doi:10.7150/ijms.5698, available from http://www.medsci.org/v10p0362.htm.
2. Patrick McGann et al., "*Escherichia coli* Harboring mcr-1 and blaCTX-M on a Novel IncF Plasmid: First Report of mcr-1 in the USA," *Antimicrobial Agents and Chemotherapy*, AAC-Accepted Manuscript Posted

11. David Hughes (assistant professor of entomology and biology, Pennsylvania State University), in discussion with the author, April 5, 2015. Note that all quotes attributed to Hughes are drawn from this interview and follow-up e-mails.
12. British Society for Plant Pathology, "Plant Pathology and Education in the UK: An Audit," 2012, 6, http://www.bspp.org.uk/society/docs/bspp-plant-pathology-audit-2012.pdf, accessed August 9, 2016.
13. Jones, "Opinion."
14. National Science Foundation, "Science and Engineering Indicators, 2014," chap. 2 in *Graduate Education, Enrollment and Degrees in the United States*, http://www.nsf.gov/statistics/seind14/index.cfm/chapter-2/c2s3.htm#s3, accessed August 9, 2016; Jones, "Opinion."
15. Thomas Gordon (professor of plant pathology, College of Agricultural and Environmental Sciences, University of California–Davis), e-mail correspondence with author, June and July 2016. All quotes are drawn from these e-mails.
16. Pierre Lebarth and Catherine Laurent, "Privatization of Agricultural Extension Services in the EU: Towards a Lack of Adequate Knowledge for Small-Scale Farms," *Food Policy* 38 (2013): 240–52; O. J. Saliu and A. Age, "Privatization of Agricultural Extension Services in Nigeria, Proposed Guidelines for Implementation," *American-Eurasian Journal of Sustainable Agriculture* 3 (2009): 332.
17. Marcel Salathé, "Open Data: Our Best Guarantee for a Just Algorithmic Future," *Marcel Salathé's Blog*, February 10, 2016, http://blog.salathe.com/open-data-our-best-guarantee-for-a-just-algorithmic-future, accessed August 9, 2016.
18. Gwyn E. Jones, "The Clarendon Letters," *Progress in Rural Extension and Community Development*, vol. 1 (New York: John Wiley and Sons, 1982), 16–17, file:///C:/Users/Emily/Downloads/Clarendon%20Letter%20.pdf, accessed August 9, 2016.
19. Gwyn Jones and Chris Garforth, "The History, Development, and Future of Agricultural Extension," chap. 1 in *Improving Agricultural Extension*, ed. Curtis Swanson, Robert Bentz, and Andrew Sofranko (Rome: UN Food and Agriculture Organization, 1997), http://www.fao.org/docrep/w5830e/w5830e03.htm, accessed August 9, 2016.
20. Margaret Lloyd (Small Farms Advisor, University of California, Davis), e-mail exchange with author, May/June 2016. Note that all quotes attributed to Lloyd are drawn from these e-mails. See also: John Tibbitts,

第7章

1. Reviewed in: E. C. Oerke, "Crop Losses to Pests," *Journal of Agricultural Sciences* 144 (2006): 31–43.
2. Gustavo Ferreira and Agnes Perez, US Department of Agriculture, "Fruit and Tree Nut Outlook, U.S. Citrus Crop Continues to Decline, 2015/16," FTS 361, March 31, 2016, https://www.ers.usda.gov/webdocs/publications/fts361/57076_fts-361-revised.pdf, accessed November 30, 2016.
3. For a review of extension programs in the United States, see: Sun Ling Wang, "Cooperative Extension System: Trends and Economic Impacts on U.S. Agriculture," *Choices* (2014): 1, http://choicesmagazine.org/choices-magazine/submitted-articles/cooperative-extension-system-trends-and-economic-impacts-on-us-agriculture; Alan Jones, "Opinion: The Planet Needs More Plant Scientists," *The Scientist*, October 2014, http://www.the-scientist.com/?articles.view/articleNo/41133/title/Opinion--The-Planet-Needs-More-Plant-Scientists/, accessed August 9, 2016.
4. A number of books provide a history of blight; one is Susan Bartoletti's *Black Potatoes: The Story of the Great Irish Potato Famine* (Boston: Houghton Mifflin Harcourt, 2005).
5. Charles Mann, "How the Potato Changed the World," *Smithsonian Magazine*, November 2011, http://www.smithsonianmag.com/history/how-the-potato-changed-the-world-108470605/?no-ist=&no-cache=&page=3, accessed August 9, 2016.
6. "Views of the Famine," *Illustrated London News*, February 13, 1847, https://viewsofthefamine.wordpress.com/illustrated-london-news/sketches-in-the-west-of-ireland/, accessed November 30, 2016.
7. Adapted from an article by E. G. Ruestow, "Anton von Leeuwenhoek and His Perception of Spermatozoa," *Journal of the History of Biology* 16 (1983): 185–224, http://10e.devbio.com/article.php?id=65, accessed August 9, 2016.
8. U. Kutschera and U. Hossfeld, "Physiological Phytopathology: Origin and Evolution of a Scientific Discipline," *Journal of Applied Botany and Food Quality* 85 (2012): 1–5, http://www.biodidaktik.uni-jena.de/imndipmedia/Publikationen+UH/Art01_Kutschera_Farbe.pdf, accessed August 9, 2016.
9. Ibid., 3.
10. Amir Nezhad, "Future of Portable Devices for Plant Pathogen Diagnosis," *Lab on a Chip* 14 (2014): 2887–904.

19. Leonard Moise (EpiVax, Providence, RI), in discussion with the author, March 14, 2015. Subsequent quotations are drawn from this discussion and follow-up e-mails.

20. ジフテリアと破傷風のワクチンは、それらが生産する毒素に対して活性のある単独の抗原を含む。もし私たちがジフテリアあるいは破傷風に感染しても、その細菌自体は私たちを殺しはしないが、細菌は毒素を出すことが出来る。しかしB型肝炎のワクチンは全く異なる。

21. Centers for Disease Control and Prevention, "Hepatitis B," chap. 10 in *Epidemiology and Prevention of Vaccine-Preventable Diseases*, 13th ed., ed. J. Hamborsky, A. Kroger, and S. Wolfe (Washington, DC: Public Health Foundation, 2015), http://www.cdc.gov/vaccines/pubs/pinkbook/downloads/hepb.pdf, accessed August 9, 2016.

22. Margie Patlak, with the assistance of Drs. Baruch Blumberg, Maurice Hilleman, and William Rutter, "The Hepatitis B Story," for *Beyond Discovery: The Path from Research to Human Benefit*, National Academy of Sciences, February 2000, http://www.nasonline.org/publications/beyond-discovery/hepatitis-b-story.pdf, accessed August 9, 2016.

23. Philip Boffey, "U.S. Approves a Genetically Altered Vaccine," *New York Times*, June 24, 1986, http://www.nytimes.com/1986/07/24/us/us-approves-a-genetically-altered-vaccine.html, accessed December 4, 2016.

24. Taylor & Francis Online, "'Immune Camouflage' May Explain H7N9 Influenza Vaccine Failure" *ScienceDaily*, September 24, 2015, https://www.sciencedaily.com/releases/2015/09/150924112532.htm, accessed August 9, 2016.

25. For a review of Moise's work, see: Leonard Moise et al., "Harnessing the Power of Immunoinformatics to Produce Improved Vaccines," *Expert Opinion in Drug Discovery* 6 (2011): 9–15, doi:10.1517/17460441.2011.534454.2011.

26. M. Pizza et al., "Identification of Vaccine Candidates Against Serogroup Meningococcus B by Whole Genome Sequencing," *Science* 287 (2000): 1816–20. Pizza not only pioneered the Men B vaccine, but also used genetic engineering to develop a safer whooping cough vaccine; for more about Pizza, see: "Mariagrazia Pizza," American Society for Microbiology, http://academy.asm.org/index.php/fellows-info/aam-fellows-elected-in-2015/5387-mariagrazia-pizza, accessed August 9, 2016.

Major Causes," http://infobeautiful3.s3.amazonaws.com/2013/03/iib _death_wellcome_collection_fullsize.png, accessed August 9, 2016. The infographic data, which are drawn from the World Health Organization and other sources, can be accessed here: https://docs.google.com /spreadsheets/d/1vHTUaPWwlCPCg4O5YvDFRuDOCA8xX2ERnJQI mnps6sk/edit#gid=21.

8. For an interesting visualization, see: Neil Halloran, "Fallen," http://www .fallen.io/ww2/, accessed August 9, 2016.
9. World Health Organization, "Immunization Coverage," http://www .who.int/mediacentre/factsheets/fs378/en/, updated July 2016.
10. *Los Angeles Times* (from Associated Press), "Last U.S. Smallpox Victim Leaves Mental Scars on Witnesses," December 26, 2001, http://articles .latimes.com/2001/dec/26/news/mn-18048, accessed August 9, 2016.
11. World Health Organization, "Frequently Asked Questions and Answers on Smallpox," http://www.who.int/csr/disease/smallpox/faq/en/, updated June 28, 2016.
12. Josh Earnest, White House Daily Press Briefing, February 8, 2016, https: //www.whitehouse.gov/the-press-office/2016/02/09/daily-press-briefing -press-secretary-josh-earnest-282016, accessed August 9, 2016.
13. Centers for Disease Control and Prevention, "U.S. Vaccines," Appendix B-2, April 2015, http://www.cdc.gov/vaccines/pubs/pinkbook/down loads/appendices/B/us-vaccines.pdf, accessed August 9, 2016.
14. For a video story by Maurice Hilleman, see: The College of Physicians of Philadelphia, "Mumps: Jeryl Lynn Story," *The History of Vaccines*, October 29, 2004, http://www.historyofvaccines.org/content/mumps-jeryl -lynn-story, accessed August 9, 2016.
15. Wayne C. Koff et al., "Accelerating Next Generation Vaccine Development for Global Disease Prevention," *Science* 340 (2013), doi:10.1126 /science.1232910, accessed August 9, 2016.
16. Vincent Rancaniello, *Virology* (blog), http://www.virology.ws/2010/04/13 /poliovirus-vaccine-sv40-and-human-cancer/, accessed October 2016.
17. Polio Global Eradication Initiative, "Vaccine-Derived Polio Viruses," http://www.polioeradication.org/polioandprevention/thevirus/vac cinederivedpolioviruses.aspx, accessed August 9, 2016.
18. Timothy Guzman, "Big Pharma, Big Profits: The Multibillion-Dollar Vaccine Market," *Global Research*, January 26, 2016, http://www.global research.ca/big-pharma-and-big-profits-the-multibillion-dollar-vaccine -market/5503945Q2, accessed August 9, 2016.

All Things Considered, National Public Radio, January 13, 2015, http://www.npr.org/sections/thesalt/2015/01/13/376184710/gmo-potatoes-have-arrived-but-will-anyone-buy-them, accessed August 8, 2016.

27. EFSA Panel on Genetically Modified Organisms, "Scientific Opinion on Addressing the Safety Assessments of Plants Developed Through Cisgenesis and Intragenesis," *EFSA Journal* 10 (2012): 2561, doi:10.2903/j.efsa.2012.2561.
28. Simplot, "Innate Second-Generation Potato Receives FDA Safety Clearance," http://www.simplot.com/news/innate_second_generation_potato_receives_fda_safety_clearance, accessed August 8, 2016.
29. John Travis, "Making the Cut," *Science* 350 (2015): 1456–57.

第6章

1. John Brown and Philip Condit, "Meningococcal Infections—Fort Ord and California," *California Medicine* 102 (1965): 171–80; Andrew W. Artenstein, Jason M. Opal, Steven M. Opal, Edmund C. Tramont, Georges Peter, and Phillip K. Russell, "History of U.S. Military Contribution to Vaccines Against Infectious Diseases," *Military Medicine* 170 (2005): 3–11.
2. Centers for Disease Control and Prevention, "Revised Recommendations of the Advisory Committee on Immunization Practices to Vaccinate All Persons 11–18 with Meningococcal Conjugate Vaccine," *MMWR Weekly* 56 (2007): 794–95.
3. Centers for Disease Control and Prevention, "Community Settings as Risk Factor," http://www.cdc.gov/meningococcal/about/risk-community.html, updated October 22, 2015.
4. Ryan Jaslow, "Meningitis Strain from Princeton University Outbreak Kills Drexel Student," *CBS News*, March 18, 2014, http://www.cbsnews.com/news/meningitis-strain-from-princeton-university-outbreak-kills-drexel-student/, accessed August 9, 2016.
5. Josh Logue, "Meningitis Risks," *Inside Higher Ed*, February 8, 2016, https://www.insidehighered.com/news/2016/02/08/meningitis-three-campuses-leads-one-outbreak-and-one-death, accessed August 9, 2016.
6. Michael Woroby, Adam Bjork, and Joel Wertheim, "Point, Counterpoint: The Evolution of Pathogenic Viruses and Their Human Hosts," *Annual Review of Ecology, Evolutionary and Systematics* 38 (2007): 515–40.
7. These are *estimates* based on available mortality data compiled by David McCandless for an infographic: "20th Century Deaths, Selected

16. たとえば、ある遺伝子組み換えの過程で、抗生物質抵抗性の遺伝子が目印として用いられることがある。抗生物質抵抗性は研究者が遺伝子組み換え作物を、より容易に識別出来るようにする。
17. US Department of Agriculture, "J. R. Simplot Potato Petition to Extend Determination," Docket no. APHIS-2015–0088, https://www.aphis.usda.gov/aphis/ourfocus/biotechnology/SA_Environmental_Documents/SA_Environmental_Assessments/Simplot-Potato-3, last modified January 13, 2016.
18. For a history of genetic engineering in agriculture and tomatoes in particular, see: Daniel Charles, *Lords of the Harvest: Biotech, Big Money, and the Future of Food* (New York: Perseus Books, 2001); Paul Lewis, letter to the editor, *New York Times*, June 16, 1992, http://www.nytimes.com/1992/06/16/opinion/l-mutant-foods-create-risks-we-can-t-yet-guess-since-mary-shelley-332792.html, accessed September 26, 2016.
19. Charles, *Lords of the Harvest*.
20. Ibid., 42.
21. Wilhelm Klumper and Martin Qiam, "A Meta-Analysis of the Impacts of Genetically Modified Crops," *PLOS One*, November 13, 2011, dx.doi.org/10.1371/journal.pone.0111629, accessed August 8, 2016; Charles Benbrook, "Impacts of Genetically Engineered Crops on Pesticide Use in the U.S.—The First Sixteen Years," *Environmental Sciences Europe* 24 (2012): 24.
22. Regenstein and Blair, *Genetic Modification*, 2.
23. Ronald and Adamchak, *Tomorrow's Table*.
24. University of Florida, "UF Creates Trees with Enhanced Resistance to Greening," https://news.ifas.ufl.edu/2015/11/uf-creates-trees-with-enhanced-resistance-to-greening/, posted November 2015; Texas Citrus Greening, "List of Materials Available for Asian Citrus Psyllid Control in Various Ecological Settings in Texas," http://www.texascitrusgreening.org/psyllid-control-treatments/materials/, accessed August 8, 2016; for a more complete article on GMOs for citrus greening, see: Amy Harmon, "A Race to Save the Orange by Altering Its DNA," *New York Times*, July 27, 2013.
25. Daniel Cressey, "GM Wheat That Emits Pest Alarm Signals Fails in Field Trials," *Nature*, June 25, 2015, doi:10.1038/nature.2015.17854.
26. For more about techniques, see: "Q&A with Haven Baker on Simplot's Innate Potatoes," *Biology Fortified* (blog), https://www.biofortified.org/2013/05/qa-with-haven-baker-innate-potatoes/, accessed August 8, 2016; Dan Charles, "GMO Potatoes Have Arrived but Will Anyone Buy Them?"

7. 害虫と病原体は進化しつづける。ある作物はＢｔの避難地域——抵抗性昆虫の進化を減らす助けになる、ある作物あるいは緩衝地帯——を必要とする。

8. Union of Concerned Scientists, "Our History and Our Accomplishments," http://www.ucsusa.org/about/history-of-accomplishments.html#.V36NArgrKhc, accessed August 8, 2016.

9. Warren Leary, "Genetic Engineering of Crops Can Spread Allergies, Study Shows," *New York Times*, March 14, 1996, http://www.nytimes.com/1996/03/14/us/genetic-engineering-of-crops-can-spread-allergies-study-shows.html, accessed August 8, 2016.

10. Nobel Laureates Supporting Precision Agriculture (GMOs), "Support GMOs and Golden Rice," June 29, 2016, supportprecisionagriculture.org, accessed August 8, 2016.

11. For more about the conflict, see: Joel Achenbach, "107 Nobel Laureates Sign Letter Blasting Greenpeace Over GMOs," June 30, 2016, https://www.washingtonpost.com/news/speaking-of-science/wp/2016/06/29/more-than-100-nobel-laureates-take-on-greenpeace-over-gmo-stance/, accessed August 8, 2016; Greenpeace International, "All that Glitters Is Not Gold—The Truth about GE 'Golden Rice,'" http://www.greenpeace.org/international/en/campaigns/agriculture/problem/Greenpeace-and-Golden-Rice/, accessed August 8, 2016.

12. Natasha Gilbert, "Case Studies: A Hard Look at GM Crops," *Nature* 497 (2013): 24–26; Pamela Ronald and Raoul Adamchak, *Tomorrow's Table: Organic Farming, Genetics, and the Future of Food* (New York: Oxford University Press, 2011); Joel Regenstein and Robert Blair, *Genetic Modification and Food Quality: A Down to Earth Analysis* (Hoboken, NJ: John Wiley & Sons, 2015).

13. For a discussion of mutation rates in humans, see: Laurence Moran, "Human Mutation Rates—What's the Right Number?" *Sandwalk* (blog), http://sandwalk.blogspot.com/2015/04/human-mutation-rates-whats-right-number.html, accessed August 8, 2016.

14. Paige Johnson, *Garden History Girl* (blog), "Atomic Gardens," http://gardenhistorygirl.blogspot.com/2010/12/atomic-gardens.html, posted December 2, 2010.

15. For more about mutation breeding, see: Committee on Identifying and Assessing Unintended Effects of Genetically Engineered Food on Human Health, "Unintended Effects from Breeding," chap. 3 in *Safety of Genetically Engineered Foods* (Washington, DC: National Academies Press, 2004), http://www.nap.edu/read/10977/chapter/5#45.

for Which Current Tools Must Be Defended and New Sustainable Technologies Invented," *Food and Energy Security* 2 (2013): 167–73.
18. "From Lab to Land: Women in 'Push-Pull' Agriculture," International Centre for Insect Physiology and Ecology, Nairobi, Kenya, 2015, ISBN 978–9966–063–08–3, http://www.push-pull.net/women_in_push-pull.pdf.
19. For more, see: "Push-Pull," Gatsby Charitable Foundation, http://www.gatsby.org.uk/africa/programmes/push-pull, accessed August 8, 2016; "The Push-Pull Farming System: Climate Smart Sustainable Agriculture for Africa," International Centre for Insect Physiology and Ecology, Nairobi, Kenya, 2015, ISBN 978–9966–063–06–9.
20. Jonathan A. Foley et al., "Solutions for a Cultivated Planet," *Nature* 478 (2011): 337–42.
21. For an interesting article on the topic, see: Nathaniel Johnson, "So Can We Really Feed the World? Yes, and Here's How," *Grist*, http://grist.org/food/so-can-we-really-feed-the-world-yes-and-heres-how/, February 10, 2015.

第5章

1. Ryan Voiland (Red Fire Farm, Montague, Massachusetts), in discussion with the author, November 5, 2014. Note that all quoted material attributed to Voiland comes from this discussion and follow-up e-mails.
2. Martha Stewart, "The Tomato Blight in My Garden," *Martha Up Close and Personal* (blog), August 11, 2009, http://www.themarthablog.com/2009/08/the-tomato-blight-in-my-garden.html, accessed August 8, 2016.
3. Julia Moskin, "Outbreak of Fungus Threatens Tomato Crop," *New York Times*, July 18, 2009, http://www.nytimes.com/2009/07/18/nyregion/18tomatoes.html.
4. Mathew Fischer et al., "Emerging Fungal Threats to Animal, Plant, and Ecosystem Health," *Nature* 484 (2012): 186–94.
5. William Fry (professor of plant pathology, School of Integrative Plant Science, Cornell University), in discussion with the author, January 15, 2015. Note that all quoted material attributed to Fry is drawn from this discussion and follow-up e-mails.
6. Jack Vossen (Senior Scientist, Department of Plant Breeding, Wageningen University and Research, Netherlands), in discussion with the author, January 22, 2016. Note that all quoted material attributed to Vossen is drawn from this discussion and follow-up e-mails.

8. US Department of Agriculture, *Pesticide Data Program Annual Summary, Calendar Year 2013*, December 2014, http://www.ams.usda.gov/sites/default/files/media/2013%20PDP%20Anuual%20Summary.pdf.
9. Jon Clements (University of Massachusetts Extension, Amherst, MA), in discussion with the author November 19, 2015. Note that all quotes attributed to Clements are drawn from this interview and follow-up e-mails.
10. Jay Brunner et al., "Mating Disruption of Codling Moth: A Perspective from the Western United States," *International Organization for Biological Control West Palaearctic Regional Sectional Bulletin* 5 (2001): 207–25.
11. Alison Northcott, Canadian Broadcasting News, "How Pheromones Are Reducing Pesticide Use in Quebec Apple Orchards," http://www.cbc.ca/news/canada/montreal/pheremones-pesticides-apple-orchards-1.3585104, updated May 17, 2016.
12. Brad Higbee (Wonderful Orchards, Bakersfield, CA), in e-mail correspondence with the author, June 2016. (Note that subsequent quotes from Higbee are also drawn from this correspondence.)
13. Dennis Pollock, "Research Maximizing Navel Orangeworm Management in Pistachio, Almond," *Western Farm Press*, March 10, 2016, http://westernfarmpress.com/tree-nuts/research-maximizing-navel-orangeworm-management-pistachio-almond, accessed August 8, 2016; Brad Higbee, Charles Burks, and Joel Siegel, "Successful Control of Navel Orangeworm *Amyelois transitella* over Four Years Using Mating Disruption and Soft Insecticides in an Areawide Approach," conference presentation, Entomological Society of America Annual Meeting, Indianapolis, Indiana, December 13–16, 2009, https://www.researchgate.net/publication/267905043_Successful_control_of_navel_orangeworm_Amyelois_transitella_over_four_years_using_mating_disruption_and_soft_insecticides_in_an_areawide_approach, accessed August 8, 2016.
14. For a review, see: P. Witzgall, P. Kirsch, and A. Cork, "Sex Pheromones and Their Impact on Management," *Journal of Chemical Ecology* 36 (2010): 80–100.
15. Cam Oehlschlager (vice president, ChemTica Internacional, Costa Rica), in e-mail correspondence with author, November 2015.
16. John Pickett (Rothamsted Research, Harpenden, England), in discussion with author, September 15, 2015. Note that all quotes attributed to Pickett are drawn from this conversation and follow-up e-mails.
17. John Pickett, "Food Security: Intensification of Agriculture Is Essential,

34. US Department of Health and Human Services, "Antibiotic Resistance Threats in the United States," Centers for Disease Control and Prevention, April 23, 2013, http://www.cdc.gov/drugresistance/threat-report-2013/pdf/ar-threats-2013-508.pdf#page=22.
35. For more about the effects of changing the human microbiome through medicine, see: Martin Blaser, *Missing Microbes* (New York: Henry Holt and Company, 2014).

第4章

1. National Pesticide Information Center, "*Bacillus thuringiensis*: General Fact Sheet," http://npic.orst.edu/factsheets/BTgen.pdf, last reviewed February 2015.
2. Brian McSpadden Gardener (microbial ecologist and cofounder of 3Bar Biologics, Columbus, OH), in discussion with the author, August 15, 2015. Note that all quoted material attributed to McSpadden Gardener comes from this discussion and follow-up e-mails.
3. Bruce Caldwell (cofounder, 3Bar Biologics, Columbus, OH), in discussion with the author, August 30, 2015. Note that all quoted material attributed to Caldwell is drawn from this discussion and follow-up e-mails.
4. Monsanto Company, "Microbials: Sustainable Solutions for Agriculture," http://www.monsanto.com/products/pages/microbials.aspx, accessed August 8, 2016.
5. R. Douglas Sammons, "BioDirect and Managing Herbicide-Resistant Amaranth sp.," presentation delivered at Resistance 2015 Meeting, Rothamsted Agricultural, Harpenden, Hertfordshire, England, September 14–16, 2015.
6. For more about olfaction and pheromones in insects, see: Lee Sela and Noam Sobel, "Human Olfaction: A Constant State of Change-Blindness," *Experimental Brain Research* 205 (2010): 13–29; "Pheromones in Insects," *Smithsonian*, Information Sheet Number 148, May 1999; Karl-Ernst Kaissling, "Pheromone Receptors in Insects," chap. 4 in *Neurobiology of Chemical Communication*, ed. C. Mucignat-Caretta (Boca Raton, FL: CRC Press/Taylor & Francis, 2014).
7. Jean Henri Fabre, "The Great Peacock," chap. XI in *The Life of the Caterpillar*, trans. Teixiera de Mattos, (New York: Dodd, Mead and Company, 1916), 261–62, available online at http://www.eldritchpress.org/jhf/c11.html.

25. See: Beth Ann Crozier-Dodson, Mark Carter, and Zouxing Zheng, "Formulating Food Safety: An Overview of Antimicrobial Agents," *Food Safety Magazine*, December 2004/January 2005, http://www.foodsafetymagazine.com/magazine-archive1/december-2004january-2005/formulating-food-safety-an-overview-of-antimicrobial-ingredients/; see also: http://www.fda.gov/ucm/groups/fdagov-public/@fdagov-foods-gen/documents/document/ucm266587.pdf, accessed August 5, 2016.
26. Medine Gulluce, Mehmet Karadayi, and Ozlem Baris, "Bacteriocins: Promising Natural Antimicrobials," in *Microbial Pathogens and Strategies for Combatting Them: Science, Technology, and Education*, ed. A. Mendez-Vilas (Badajoz, Spain: Formatex Research Center, 2013).
27. "Mastitis in Cattle," *The Merck Veterinary Manuel*, http://www.merckvetmanual.com/mvm/reproductive_system/mastitis_in_large_animals/mastitis_in_cattle.html, last updated October 2014; USDA Animal and Plant Health Inspection Service, Veterinary Services Centers for Epidemiology and Animal Health, "Prevalence of Contagious Mastitis Pathogens on U.S. Dairy Operations, 2007," https://www.aphis.usda.gov/animal_health/nahms/dairy/downloads/dairy07/Dairy07_is_ContMastitis.pdf, accessed August 5, 2016.
28. For more about the use of antibiotics in food animals and agriculture in general, see: Timothy Landers et al., "A Review of Antibiotic Use in Food Animals: Perspective, Policy, and Potential," *Public Health Reports* 127 (January/February 2012): 4–22; US Food and Drug Administration, "2009 Summary Report on Antimicrobials Sold or Distributed in Food-Producing Animals," released September 2014.
29. Margaret A. Riley et al., "Resistance Is Futile: The Bacteriocin Model for Addressing the Antibiotic-Resistance Challenge," *Biochemical Society Transactions* 40 (2012): 1438–42.
30. Centers for Disease Control and Prevention, "Catheter-Associated Urinary Tract Infections (CAUTI)," http://www.cdc.gov/HAI/ca_uti/uti.html, last updated October 16, 2015.
31. Xiao-Qing Qiu et al., "An Engineered Multidomain Bactericidal Peptide as a Model for Targeted Antibiotics Against Specific Bacteria," *Nature Biotechnology* 21 (2003): 1480–85.
32. Read all about it here: Gong Yidong, Eliot Marshall, "Doubts over New Antibiotic Lands Co-Authors in Court," *Science* 311, no. 5763 (February 2006): 937.
33. "University Clears Biophysicist of Misconduct," *Science* 312 (2006): 511.

16. Suzanna (a pseudonym), in e-mail conversation with author, November 29, 2016.
17. For the AmpliPhi company website, see: http://www.ampliphibio.com/product-pipeline, accessed August 4, 2016; and for Phagoburn, see: http://www.phagoburn.eu/, accessed August 4, 2016.
18. Kelly Sevick, "Beleaguered Phage Therapy Trial Presses On," *Science* 352 (2016): 1506.
19. Randall Kincaid (Senior Scientific Officer, National Institutes of Health, Bethesda, MD), in discussion with the author, November 3, 2015. Note that all quoted material attributed to Kincaid is drawn from this discussion and follow-up e-mails.
20. Marco Ventura et al., "The Impact of Bacteriophages on Probiotic Bacteria and Gut Microbiota Diversity," *Genes and Nutrition* 6 (2011): 205–7; and for more about phages in general, see: "2015 The Year of the Phage," http://2015phage.org/index.php.
21. US Department of Health and Human Services, Food and Drug Association, "Food Additives Permitted for Direct Addition to Food for Human Consumption; Bacteriophage Preparation," Docket No. 2002F—0316, http://www.fda.gov/OHRMS/DOCKETS/98fr/cf0559.pdf; one recent preparation approved by the US FDA is SalmoFresh, a mix of phages aimed at salmonella bacteria in poultry and other foods.
22. 利益目当ての企業にとって、自然の生物あるいは生産物を開発する動機が持てないのは、自然に存在する生物には特許がとれないことである（しかし、遺伝子組み換えによって変えられたファージとその他の生物的生産物は特許をとることが出来る。そして遺伝子組み換えしたファージを開発することへの関心は高まりつつある)。しかし、規制手続きは、個々の患者に適合するような処置を可能にするように、変えていく必要がある。それは、治療と規制が目標の病原体の進化に対応して(あるいは避けて)、変わらなければならないのと同じである（ある人は毎年変わるインフルエンザワクチンに似たモデルを示唆してきた)。
23. Margaret Riley (Department of Biology, University of Massachusetts), in discussion with the author, November 3, 2015. Note that all quoted material attributed to Riley is drawn from this discussion and follow-up e-mails.
24. B. C. Kirkup and M. Riley, "Antibiotic-Mediated Antagonism Leads to Bacterial Game of Rock-Paper-Scissors In-Vivo," *Nature* 428 (2004): 412–14.

/nobel-laureate-wendell-stanley.html.

4. For a good overview of viruses, see: Carl Zimmer, *A Planet of Viruses* (Chicago: University of Chicago Press, 2012).
5. Louis Villarreal, "Are Viruses Alive?" *Scientific American*, December 2004.
6. Shira Abeles and David Pride, "Molecular Bases and the Role of Viruses in the Human Microbiome," *Journal of Molecular Biology* 429 (2014): 3892–906, http://dx.doi.org/10.1016/j.jmb.2014.07.002.
7. As quoted in: Paul Thacker, "Drug Resistance Renews Interest in Phage Therapy," *Journal of the American Medical Association* 290 (December 2003): 3183; also, for a good overview of phage therapy, see: Anna Kuchment, *The Forgotten Cure* (New York: Springer Press, 2012), 8.
8. Koren Wetmore, "A Cure Exists for Antibiotic-Resistant Infections: So Why Are Thousands of Americans Still Dying?" *Prevention*, January 1, 2015, http://www.prevention.com/health/health-concerns/cure-antibiotic-resistance. Also, see the website for the Phage Therapy Center in Tbilisi, Republic of Georgia: http://www.phagetherapycenter.com/pii/PatientServlet?command=static_ourhistory&language=0, accessed August 4, 2016.
9. Ibid.
10. Kuchment, *The Forgotten Cure*, 124.
11. Lawrence Goodridge, "Bacteriophages for Managing Shigella in Various Clinical and Nonclinical Settings," *Bacteriophage* 3 (2013): e25098; Alexander Sulakvelidze, Zemphira Alavidze, and J. Glenn Morris Jr, "Bacteriophage Therapy," *Antimicrobial Agents and Chemotherapy* 45 (2001): 649–59.
12. For an interesting exploration of why the West did not pursue phage therapy, see: Emiliano Fruciano and Shawna Borne, "Phage Therapy as an Antimicrobial Agent: d'Herelle's Heretical Theories and Their Role in the Decline of Phage Prophylaxis in the West," *Canadian Journal of Infectious Diseases and Medical Microbiology* 18 (2007): 19–26.
13. Ibid.
14. Elizabeth Kutter, speaking at the Eighth International Conference on Biotherapy, October 11–14, 2010, Hilton Universal City, California; all quotes from Kutter are drawn from this video: https://www.youtube.com/watch?v=_Ju8RelMQWc, accessed August 4, 2016.
15. Steven Abedon et al., "Phage Treatment of Human Infections," *Bacteriophage* 1 (2011): 66–85.

Phytopathology 106 (2016): 216–25; Daniel Chellemi, J. W. Noling, and S. Sambhav, "Organic Amendments and Pathogen Control: Phytopathological and Agronomic Aspects," in M. L. Gullino, M. Pugliese, and J. Katan (eds.), *Proceedings of the 8th International Symposium on Chemical and Non-Chemical Soil and Substrate Disinfestation* (2014): 95–103; Daniel Chellemi, E. N. Rosskopf, and N. Kokalis-Burelle, "The Effect of Transitional Organic Production Practices on Soilborne Pests of Tomato in a Simulated Microplot Study," *Phytopathology* 103 (2013): 792–891.

28. Daniel Chellemi (plant pathologist and former applied-research manager, Driscoll Strawberry Associates, Watsonville, CA), in discussion with author, September 1, 2015. Note that all quoted material attributed to Chellemi is drawn from this discussion and follow-up e-mails.
29. Jae-Yul Cha et al., "Microbial and Biochemical Basis of a Fusarium Wilt–Suppressive Soil," *International Society for Microbial Ecology Journal* 10 (2016): 119–29.
30. Ibid., 128.
31. International Development Research Center, "Facts and Figures on Food and Biodiversity," https://www.idrc.ca/en/article/facts-figures-food-and-biodiversity, accessed August 4, 2016.
32. Arthur Grube et al., "Pesticides Industry Sales and Usage—2006 and 2007 Market Estimates," US Environmental Protection Agency, February 2011, https://www.epa.gov/sites/production/files/2015-10/documents/market_estimates2007.pdf.
33. US Department of Agriculture, "Fertilizer Use and Price," http://www.ers.usda.gov/data-products/fertilizer-use-and-price.aspx#26720, updated July 2013; Food and Agriculture Organization of the United Nations, "Fertilizer Use to Surpass 200 Million Tonnes in 2018," http://www.fao.org/news/story/en/item/277488/icode/, accessed August 4, 2016.

第3章

1. The Bacteriophage Ecology Group, "Phage Companies," http://companies.phage.org/, updated April 14, 2015.
2. Wendell Stanley, "The Isolation and Properties of Crystalline Tobacco Mosaic Virus," Nobel Media AB 2014, http://www.nobelprize.org/nobel_prizes/chemistry/laureates/1946/stanley-lecture.html.
3. Ibid.; see also: Laurence Moran, "Nobel Laureate: Wendell Stanley," *Sandwalk* (blog), May 28, 2008, http://sandwalk.blogspot.com/2008/05

17. David Montgomery and Anne Bikle, *The Hidden Half of Nature: The Microbial Roots of Life and Health* (New York: W. W. Norton, 2015), e-book, 89.
18. Ibid., 89.
19. Angela Sessitsch and Birgit Mitter, "21st Century Agriculture: Integration of Plant Microbiomes for Improved Crop Production and Food Security," *Microbial Biotechnology* 18 (2015): 32–33; see also: Peter Andrey Smith, "Why Tiny Microbes Mean Big Things for Farming," *National Geographic* (blog), September 18, 2014, http://news.nationalgeographic.com/news/2014/09/140918-soil-bacteria-microbe-farming-technology-ngfood/, accessed August 4, 2016.
20. Jesse Ausubel, Iddo Wernick, and Paul Waggoner, "Peak Farmland and the Prospect for Land Sparing," *Population and Development Review* 38, Supplement (2012): 221–42.
21. Food and Agriculture Organization of the United Nations, "2015 International Year of Soils," http://www.fao.org/soils-2015/en/?utm_source=faohomepage&utm_medium=web&utm_campaign=featurebar, updated November 2015.
22. US Department of Agriculture, "World Agriculture Supply and Demand Estimates," WASDE-55, July 12, 2016, http://www.usda.gov/oce/commodity/wasde/latest.pdf, accessed August 4, 2016.
23. Youn-Sig Kwak and David Weller, "Take-all of Wheat and Natural Disease Suppression: A Review," *Journal of Plant Pathology* 29 (2013): 125–35.
24. M. Gerlagh, "Introduction of *Ophiobolus graminis* into New Polders and Its Decline" (thesis, Center for Agricultural Publishing and Documentation, Wageningen, Netherlands, 1968), ISBN 9022001776, http://edepot.wur.nl/191755, accessed August 4, 2016.
25. Surendra Dara, Karen Klonsky, and Richard De Moura, "2011 Sample Costs to Produce Strawberries, South Coast Region," University of California Cooperative Extension publication, 2011, http://coststudyfiles.ucdavis.edu/uploads/cs_public/87/d1/87d1dc5f-60ea-453c-a349-ef0a8ce3a851/strawberry_sc_smv2011.pdf.
26. Ryan Voiland (owner of Red Fire Farm, Montague, MA), in discussion with the author, November 5, 2014. Note that all quoted material attributed to Voiland is drawn from this discussion and follow-up e-mails.
27. Daniel Chellemi et al., "Development and Deployment of Systems-Based Approaches for the Management of Soilborne Plant Pathogens,"

ber 30, 2016.

4. Margaret Lloyd (Small Farms Advisor, University of California), in discussion with the author, August 28, 2015. Note that all quoted material attributed to Lloyd is drawn from this discussion and follow-up e-mails.
5. The image accompanies an article by Mike Amaranthus and Bruce Allyn, "Healthy Soil Microbes, Healthy People," *Atlantic Monthly*, June 11, 2013, http://www.theatlantic.com/health/archive/2013/06/healthy-soil-microbes-healthy-people/276710/, accessed August 3, 2016.
6. Rodrigo Mendes et al., "Deciphering the Rhizosphere Microbiome for Disease-Suppressive Bacteria," *Science* 233 (2013): 1097–100.
7. Jop de Vrieze, "The Littlest Farmhands," *Science* 349 (2015): 680–83.
8. Marie Chave, Marc Tchamitchian, and Harry Ozier-Lafontaine, "Agroecological Engineering to Biocontrol Soil Pests for Crop Health," *Sustainable Agricultural Reviews* 14 (2014): 269–97.
9. Ibid.; see also: Rodrigo Mendes, Paolina Garbeva, and Jos Raaijmakers, "The Rhizosphere Microbiome: Significance of Plant-Beneficial, Plant-Pathogenic, and Human-Pathogenic Microorganisms," *Federation of European Microbiological Societies, Microbiology Reviews* 37 (2013): 634–63.
10. Tom Curtis, "Microbial Ecologists: It's Time to Go Large," *Nature Reviews Microbiology* 4 (July 2006): 488.
11. US Department of Agriculture, "U.S. Strawberry Consumption Continues to Grow," https://www.ers.usda.gov/data-products/chart-gallery/gallery/chart-detail/?chartId=77884, accessed November 30, 2016.
12. US Department of Agriculture, "Economic Implications of the Methyl Bromine Phaseout," *Agricultural Information Bulletin* 756 (Washington DC: USDA Economic Research Service, February 2000).
13. US Environmental Protection Agency, "Methyl Bromide," https://www.epa.gov/ods-phaseout/methyl-bromide, updated March 2016.
14. Steven A. Fennimore et al., "Methyl Bromide Alternatives Evaluated for California Strawberry Nurseries," *California Agriculture* 62 (2008): 62–67; USDA, "Economic Implications."
15. Sir Albert Howard, "Farming and Gardening for Health or Disease," in *Articles of Sir Albert Howard for Organic Gardening Magazine, 1945–1947*, http://soilandhealth.org/wp-content/uploads/01aglibrary/010142howard.misc/010140.ogf.1945-47.htm, accessed August 4, 2016.
16. Sir Albert Howard, *The Soil and Health* (Lexington, KY: University of Kentucky Press, 2006), 22–23.

27. Rob Knight, "How Our Microbes Make Us Who We Are," TED talk, posted February 2015, https://www.ted.com/talks/rob_knight_how_our_microbes_make_us_who_we_are/transcript?language=en.
28. National Center for Complementary and Integrative Health, "Probiotics in Depth," https://nccih.nih.gov/health/probiotics/introduction.htm#hed1, last updated July 2015.
29. US Food and Drug Administration, "Guidance for Industry: Enforcement Policy Regarding Investigational New Drug Requirements for Use of Fecal Microbiota for Transplantation to Treat *Clostridium difficile* Infection Not Responsive to Standard Therapies," US Department of Health and Human Services, http://www.fda.gov/downloads/BiologicsBloodVaccines/GuidanceComplianceRegulatoryInformation/Guidances/Vaccines/UCM488223.pdf?source=govdelivery&utm_medium=email&utm_source=govdelivery, July 2013.
30. Faming Zhang et al., "Should We Standardize a 1,700-Year-Old Treatment?" *American Journal of Gastroenterology* 107 (November 2012): 1755, doi:10.1038/ajg.2012.251.
31. Lawrence J. Brandt et al., "Long-Term Follow-Up of Colonoscopic Fecal Microbiota Transplant for Recurrent *Clostridium difficile* Infection," *American Journal of Gastroenterology* 107 (July 2012): 1079–87, doi:10.1038/ajg.2012.60; Ciarán P. Kelly, "Fecal Microbiota Transplantation—An Old Therapy Comes of Age," *New England Journal of Medicine* 368 (2013): 474–75.
32. For more about Open Biome, see: http://www.openbiome.org/about, accessed August 3, 2016.
33. "Fecal Transplants Shown Effective—No Mention of Ecology or Evolution," *Evolution and Medicine Review*, January 18, 2013, http://evmedreview.com/?s=fecal, accessed August 3, 2016.
34. Joshua Lederberg, "Infectious History," *Science* 288 (2000): 287–93.

第2章

1. Daniel Geisseler and William R. Horwath, "Strawberry Production in California," http://apps.cdfa.ca.gov/frep/docs/Strawberry_Production_CA.pdf, May 2014.
2. Pesticide Action Network, "What's on My Food: Strawberries," http://www.whatsonmyfood.org/food.jsp?food=ST, accessed August 3, 2016.
3. For more, see EWG's 2016 "Shopper's Guide to Pesticides in Produce," https://www.ewg.org/foodnews/dirty_dozen_list.php, accessed Novem-

conversation and follow-up e-mails.

12. Louis Pasteur, "The Germ Theory and Its Applications to Medicine and Surgery" (1878), translated version available at http://www.bartleby.com/38/7/7.html, accessed August 3, 2016.
13. Klaus Strebhardt and Axel Ullrich, "Paul Ehrlich's Magic Bullet Concept: 100 Years of Progress," *Nature Reviews* 8 (June 2008): 473–80.
14. Louis Fischer, "Syphilis in Children," *Journal of the American Medical Association* 56 (1911): 406.
15. Ibid., 407.
16. N. Svartz of the Swedish Royal Caroline Institute, "The Nobel Prize in Physiology or Medicine 1939—Award Ceremony Speech," *Nobelprize.org*, Nobel Media AB 2014, http://www.nobelprize.org/nobel_prizes/medicine/laureates/1939/press.html, accessed August 3, 2016.
17. Quoted in: Jack A. Gilbert and J. D. Neufeld, "Life in a World without Microbes," *PLOS Biology* 12 (2014): e1002020, doi:10.1371/journal.pbio.1002020.
18. For a discussion of life without microbes, see previously referenced article by Gilbert and Neufeld.
19. Martin Blaser, *Missing Microbes* (New York: Picador Press, 2014).
20. Ibid., 119.
21. Harvard Health Men's Watch, "*Clostridium difficile*: An Intestinal Infection on the Rise," Harvard Health Publications, June 2010, http://www.health.harvard.edu/staying-healthy/clostridium-difficile-an-intestinal-infection-on-the-rise.
22. John G. Bartlett, "Historical Perspectives on Studies of *C. difficile* and *C. difficile* Infections," *Clinical Infectious Diseases* 46 (2008): S11.
23. Daniel A. Voth and Jimmy D. Ballard, "*Clostridium difficile* Toxins: Mechanism of Action and Role in Disease," *Clinical Microbiology Reviews* 18 (April 2005): 247–63.
24. Fernanda C. Lessa et al., "Burden of *Clostridum difficile* Infection in the United States," *New England Journal of Medicine* 372 (February 2015): 825–34.
25. Centers for Disease Control and Prevention, "*Clostridium difficile* Infections," *Health Care Associated Infections*, http://www.cdc.gov/HAI/organisms/cdiff/Cdiff_infect.html, updated March 1, 2016.
26. Peter Andrey Smith, "The Tantalizing Links between Gut Microbes and the Brain," *Nature News*, Nature Publishing Group, October 14, 2015, http://www.nature.com/news/the-tantalizing-links-between-gut-microbes-and-the-brain-1.18557.

註

第1章

1. Karen Anderson, in discussion with the author on March 15, 2015. Note that all quotes attributed to Karen are drawn from this conversation and follow-up e-mails.
2. Centers for Disease Control and Prevention, "*Clostridium difficile* Infection," http://www.cdc.gov/HAI/organisms/cdiff/Cdiff_infect.html, last updated March 1, 2016.
3. For a review see: Chandrabali Ghose, "*Clostridium difficile* in the Twenty-First Century," *Emerging Microbes and Infections* 2 (2013): e62, doi:10.1038/emi.2013.62.
4. Ibid.
5. For a review, see: Jens Walter and Ruth Ley, "The Human Gut Microbiome: Ecology and Recent Evolutionary Changes," *Annual Review of Microbiology* 65 (2011): 411–29.
6. University of Gothenburg, "Surface Area of the Digestive Tract Much Smaller than Previously Thought," *Science Daily*, April 23, 2014, https://www.sciencedaily.com/releases/2014/04/140423111505.htm.
7. Ron Sender, Shai Fuchs, Ron Milo, "Revised Estimates for the Number of Human and Bacteria Cells in the Body," *PLOS Biology* 14, no. 8 (August 2016), http://journals.plos.org/plosbiology/article?id=10.1371/journal.pbio.1002533, accessed December 5, 2016.
8. For a review, see: Clyde Huchinson III, "DNA Sequencing: Bench to Bedside and Beyond," *Nucleic Acids Research* 35, no. 18 (September 2007): 6227–37, doi:10.1093/nar/gkm688.
9. For a review, see: H. S. Bilofsky et al., "The GenBank Genetic Sequence Databank," *Nucleic Acids Research* 14 (1986): 1–4.
10. Dennis A. Benson et al., "GenBank," *Nucleic Acids Research* 42 (Database issue, 2014): D32–37; for more information, see: National Center for Biotechnology Information, US National Library of Medicine, "Genome," http://www.ncbi.nlm.nih.gov/genome/browse/, accessed August 3, 2016.
11. Jack Gilbert (Department of Surgery, University of Chicago, and founder of the Earth Microbiome Project), in discussion with the author, August 25, 2015. Note that all quotes attributed to Gilbert are drawn from this

「汚れた12種」 38

【ら】
ライム病　163
ライリー、マーガレット（ペグ）　67
ラウンドアップレディ作物　112　→　モンサント社も見よ
ラクトコッカス・ラクティス　70
レーダーバーグ、ジョシュア　35
ロイ、サンドラ　71
ロイド、マーガレット　38
ローマン、ニコラス　180
ロバーツ、ローラ　60

【わ】
ワクチン　23
ワトソン、ジョージ　18

【は】
バーグ、ポール　110
バーグマン、ニコラス　177
バーティシリウム・ダヒリアエ　41
バイオテクノロジー　57
バイオフィルム　17
敗血症　147
梅毒　24
バクテリオシン　67
バクテリオファージ　56　→　ファージ、ファージ「銀行」、ファージ治療も見よ
パスチュリゼーション　51
パスツール、ルイ　23
パターン認識　158
バチルス・チューリンゲンシス　78
発ガン性物質　89
発酵　70
バッシー、アゴスティノ　145
ハワード、アルバート　43
ピケット、ジョン　92
微生物　→　特定の微生物の名前を見よ
微生物学　14
微生物群　14
ビッグ・アグ　82
ピッザ、マリアグラツィア　139
ヒトゲノムプロジェクト　21
ヒトマイクロバイオームプロジェクト　28
ビフィド　32
ビフィドバクテリウム　→　ビフィドを見よ
ヒューズ、デイビッド　148
病院内感染　50
病害虫　→　特定の病害虫の名前も見よ
病原体　→　特定の病原体の名前を見よ
肥料　39
ヒルマン、モーリス　128
ファージ　59
ファージ「銀行」　62
ファージ治療　60
ファーブル、ジャン・アンリ　83
ファウチ、アンソニー　127
ファン・レーウェンフック、アントニー　17
フィトフトラ・インフェスタンス　101
フェロモン　73
フランクリン、ロザリンド　18
フレーバー・セーバー・トマト　111
ブレイザー、マーティン　28
フレミング、アレキサンダー　26
プロバイオティクス　12
米国医学会雑誌　25
ペニシリン　12
ヘリコバクター・ピロリ　28
便移植　33
便銀行　33
ボイド、クロード　183
胞子　13
ポリオ　123
ポリメラーゼ連鎖反応　→　PCRを見よ

【ま】
マクサム、アラン　19
マグロウ、キャサリン　168
マラリア　125
緑の革命　45
無菌動物　27
メタゲノミクス　22　→　ゲノム学も見よ
メチシリン　60
メチルブロマイド　42
免疫　14
免疫原性　138
免疫システム（人間）　→　システム、免疫を見よ
面積　15
モイズ、レニー　133
目標を定めた処置　187
モハンティ、シャーラーダー　159
モンサント社　80
モントリオール議定書　42

【や】
薬品　25
薬局方　59
ヤング、フランク　134
有機農業　→　農業を見よ
憂慮する科学者同盟　105

産業化　14
ジカ熱　120
シスゲネシス（作物）　115，118
システム　→　生態系も見よ
——「押して引く」　114
——昆虫の交信　83
——免疫　29
持続性　161
ジャガイモ　23　→　大飢饉も見よ
獣医学　70
シュードモナス・フルオレッセンス（P・フルオレッセンス）　79
出産（人間の）　28
シュワルツマン、ジョセフ　167
情報化学物質　93
（初期の）電子計算機　→　ENIAC を見よ
植物病理学　143
植物病理学者　38
人口増加　95
診断　14
髄膜炎　121
スクールニック、ゲーリー　59
スタンリー、ウェンデル　58
ストライガ　93
生態学的解決法　35
生態系　23
生物学的　54
世界保健機関　174
赤痢　61
セリモヴィッチ、セイラ　181
センメルヴェイス、イグナーツ　146
総合的病害虫管理　49

【た】
大飢饉（アイルランド）　23
大腸菌　29
第二次世界大戦　157
堆肥　43
立枯れ病　38
単作　→　作物、単作を見よ
チウ、シャオ・チン　73
チェレミー、ダン　51
地球微生物プロジェクト　22
膣　16
窒素固定細菌　→　細菌、窒素固定を見よ
知的財産　66
チャールズ、ダニエル　111
チューリング、アラン　157
腸チフス　59
腸内微生物相　13
土　22
抵抗性（病害虫の農薬に対する）　82
抵抗性細菌　→　細菌、抗生物質抵抗性を見よ
デ・グロート、アンネ　137
デザイナードラッグ　74
デレル、フェリックス　61
天然痘　23
トゥオート、フレデリック　61
トウモロコシ　40　→　穀物も見よ
ドーマク、ゲルハルト　25
土壌微生物　21
土地付与大学　152　→　農業普及所も見よ
特許　→　知的財産を見よ
ド・バリー、アントン　145
泥　45　→　土も見よ

【な】
ナイシン　70　→　発酵も見よ
ナイト、ロブ　31
乳腺炎　70
尿路感染　71
妊娠検査　170
根　38
ネーブルオレンジワーム　88
根腐れ　47
農学者　40
農業
——伝統的　45
——有機　96
農業普及所　85　→　土地付与大学も見よ
農薬　38　→　特定の農薬の名前も見よ

カーティス、トーマス　40
ガードナー、ブライアン・マックスパデン　80
化学的予防法　122
ガン　29
カンキツグリーニング病（カンジダツス・リベリバクター・アジアティクム）　113, 142
環境ワーキンググループ　38　→「汚れた12種」も見よ
間作　94
機械学習　159
気候（変動）　95
キジラミ　142
規制　31
急速試験　166
共同体支援農業　→　CSA を見よ
ギルバート、ウォルター　19
キンケイド、ランドール　64
銀行　→　ファージ「銀行」、便銀行を見よ
菌糸　39
筋ジストロフィー　12
菌類　15　→　特定の菌類の名前も見よ
クッター、エリザベス　62
グラム、ハンス・クリスチャン　24
グリーンピース　105
クリック、フランシス　18
グレープフルーツ　108
クレメンツ、ジョン　85
クロストリジウム・ディフィシル　→　クロ・ディフを見よ
クロストリジウム・ボツリヌス　29
クロ・ディフ　12
クロルピクリン　42
燻蒸剤　42
ゲイツ財団　174
結核　17
ゲノム学　35　→　メタゲノミクスも見よ
下痢　14
嫌気的土壌消毒　51
抗原　125　→　特定の抗原の名前も見よ
抗原決定基　135
抗生物質　→　特定の抗生物質の名前を見よ
酵素結合免疫吸着法　→　ELISA を見よ
抗体　125
抗体–抗原検査　166
抗微生物剤　23
ゴードン、トーマス　149
国際連合　46
穀物　50　→　トウモロコシ、コムギも見よ
コッホ、ロベルト　17
コムギ　44
コリシン　72
根圏微生物群　39

【さ】

細菌　→　特定の細菌の名前も見よ
——遺伝子組み換え　110
——抗生物質抵抗性　65
——コロニー　15
——窒素を引き出す　40
——窒素固定　94
——DNA　110
——土の中　39
——培養　15
——バクテリオファージによる攻撃　57
作物　→　特定の作物の名前も見よ
——遺伝子組み換え　104
——疫病　101
——感染　143
——収量　46
——損失　101
——単作　47
——突然変異育種　108
——輪作　47
殺菌剤　14　→　特定の殺菌剤の名前も見よ
雑草　38
殺虫剤　38
サラテイ、マーセル　150
サルファ剤　25
サルモネラ　34
サンガー、フレデリック　19

索　引

【A～U】
Bt（バチルス・チューリンゲンシス）　78
CDC（アメリカ疾病予防管理センター）　72
CRISPR（クリスパー）　119
CSA（共同体支援農業）　37
DNA
　――構造　18
　――シークエンシング　18
ELISA（酵素結合免疫吸着法）　170
ENIAC（電子計算機）　157
EPA（アメリカ合衆国環境保護庁）　118
EPA（経済連携協定）　42
FDA（アメリカ食品医薬品局）　32
GMO（遺伝子組み換え作物）　78
GRAS（FDA の安全合格証）　66
HIV（エイズ）　34
J.R. シンプロット社（アメリカの冷凍ポテト生産会社）　118
MRSA（黄色ブドウ球菌）　60
PCR（ポリメラーゼ連鎖反応）　172
T 細胞　132
USDA（アメリカ農務省）　66

【あ】
アーモンド　83
アグロバクテリウム・トゥミファシエンス　110
アップルトン、クリストファー　169
アフラトキシン　88
アブラムシ　83
アメリカ科学アカデミー　109
アメリカ合衆国環境保護庁　→　EPA
アメリカ農務省　→　USDA
アメリカ国防総省　64
アメリカ国立アレルギー・感染症研究所　127
アメリカ国立衛生研究所　20
アメリカ食品医薬品局　→　FDA
アメリカ腸プロジェクト　31
移植（便）　32　→　便移植、便銀行
イチゴ　37
　――栽培期間　38
　――雑草　50
　――防除　41
萎凋病　41
一般的に安全と認識　66　→　GRAS も見よ
遺伝子銀行　20
遺伝子組み換え　103
遺伝子組み換え作物　78　→　GMO も見よ
遺伝子組み換えワクチン　134　→　ワクチンを見よ
遺伝子工学　18　→　GMO も見よ
意図しない結果
　――GMO の　105
　――突然変異育種の　109
インフルエンザ　20
ヴィリアーズ、ジョージ（クラレンドンの伯爵でアイルランド統監）　153
ウイルス　→　特定のウイルスの名前を見よ
ヴェンター、クレイグ　20
ヴォイランド、ライアン　50
ヴォッセン、ジャック　103
ウォルマート　50
エールリッヒ、パウル　24
エーレンシュレーガー、カム　91
疫病　23
エボラ出血熱　120

【か】
蛾　78
カーソン、レイチェル　112

訳者あとがき

人類は長い間、多くの病気と闘ってきた。この闘いでは多くの犠牲を払わなければならなかった。ペストや天然痘、コレラや赤痢の流行によって一時《いっとき》に何万という人が殺された。一方、農作物にも病害虫が発生した。アイルランドのジャガイモに大発生した疫病による飢饉では、多くの農民が犠牲になり、大規模な移民が起こった。

こうした、人や作物の病気の原因が、目に見えない微生物であったので、人々はこれを悪い空気や不信心のためと考え、神に祈ることが唯一の解決法であった。顕微鏡の発明によって微生物の存在が明らかになってからも、それが病気の原因であることがわかるまでには時間がかかった。

その後、この微生物と闘うための武器が考案され、最初は有毒な化学物質が治療薬として使われたが、それは人や作物に対しても毒性があり、長く使われることはなかった。天然痘（疱瘡）に対して牛の疱瘡の汁の接種が有効であることがわかったのが、生物的な治療薬の始まりである。弱められた病菌によって、人が生来持っている免疫システムを刺激して、強い病菌を撃退するという原理は、ワクチンとしてその後、多くの病気の治療に使われてきた。

二十世紀の中頃、第二次世界大戦の前後に、驚くべき特効薬が現れた。それはペニシリウムという青カビが細菌を殺すという発見から生まれたペニシリンである。これは抗生物質と呼ばれた。さまざまな病気に対して効果のある多くの抗生物質が生まれ、一時はもう細菌病は怖くないと思われたこともあったが、病原菌はこれに対する抵抗性のある系統を発生させて対抗した。また、細菌よりも小さい病原体であるウイルスによる病気には抗生物質の効果はなかった。

同じ頃、農作物の病害虫に対して化学合成農薬（殺菌剤、殺虫剤、除草剤）が次々と開発されて卓効をあげた。農作物の収穫は増加、安定し、人々はもう飢えから解放されたかと思われた。ところが、これらの化学合成農薬に対して抵抗性のある病害虫や雑草が間もなく現れた。その状況は抗生物質の時と全く同じである。

この本はこのような医薬と農薬の現状に対して、どのように対処すべきかを、最新の情報にもとづいて、特に微生物に焦点をあてて紹介したものである。

第1章と第2章では、自然にある私たちの味方になる微生物について紹介される。

これまでは、自然には特定の病気や病害虫が単独に存在して、人や農作物を襲うという考えであった。しかし、これらの微生物は単独に存在するのではなく、多くの無害な微生物と共に「微生物群」をなし、互いに影響し合っている。人体には多くの微生物がおり、それが影響し合っていて、そのうち病原性を持っているものが優勢になった時に病気が発生する。農作物の場合には土の中に微生物群があって、特定の病原菌が多くならないように働いている。しかし、抗生物質や化学合成農薬は、病原菌の多発を抑えてくれる私たちの自然の味方を含めて、無差別に攻撃した。その結果、病原微生物や害虫を抑えていた働きが弱まって、病気や作物の病害虫がかえって増えるようになってしまったのである。また、普段は病原性がなく、人間と平和に共存していた微生物が病原性を持つようになることもあった。

第3章と第4章では、私たちの敵である微生物と闘っている微生物や自然の化学物質を、私たちの友としていかに利用すべきかについて述べている。

自然界には細菌よりもはるかに小さいウイルスがいることがわかったのは最近のことである。ある液体の中の細菌を濾《こ》すために、磁器で作られた濾過器があったが、これを通り抜けた液体が病原性を持つことがわかり、これを濾過性病原体と名付けた。電子顕微鏡の発明によって、その正体が明らかになり、これはウイルスと呼ばれるようになった。インフルエンザなどの病気はこのウイルスによって起こる。ところがこのウイルスの中に細菌を食うものが見つかった。これをバクテリオファージ、あるいは単にファージという。このファージを治療に使うための研究が始まったが、抗生物質の発見によって研究は停滞した。しかし、このファージは抗生物質のように多くの種類の細菌を皆殺しにすることがなく、特定の病原菌のみを抑えるという有利な点があり今後が期待される。

作物害虫の場合には、ある種の害虫の防除に利用出来る化学物質が紹介されている。それは、昆虫の雄と雌の交信のために使われているフェロモンという化学物質である。この物質を合成して広範囲に散布することによって、雄雌間の交信をまどわし、交尾の機会を失わせることによって、防除の目的が果たされる。ここでも、特定の害虫のみが防除されるので、天敵を含む有益な昆虫群が乱されることはない。

また、害虫の被害を受けた作物が、ある化学物質を放出して、さらに害虫が来ることを防ぐと共に、害虫の天敵を呼び寄せるという働きがあることも最近わかってきた。これは、農薬にかわる自然の化学物質として重要である。

第5章と第6章では、病原微生物を抑えるための遺伝子組み換え技術の利用について述べられている。生物の遺伝をつかさどっている物質がDNAであることは広く知られるようになっている。DNAはアデニン（A）、グアニン（G）、シトシン（C）、チミン（T）という四種類の塩基と呼ばれる分子が、鎖状に並んでいる大きい化学構造を持っているが、この塩基の特定の配列が特定のアミノ酸を合成し、そのアミノ酸が特定のタンパク質を構成する。生物の体と働きはすべて、このタンパク質によって行われているので、ある生物の性質はDNAの特定の塩基配列によって特徴付けられる。すなわち、親の性質を子に伝える「遺伝子」を保持しているのがDNAである。

遺伝子組み換え技術はこのDNAの一部を、別の生物から持ってきて組み込むという技術である。例えば、昆虫の病気を起こす細菌のバチルス・チューリンゲンシス（Bt）のDNAを作物のDNAに組み込むと、その作物を食った昆虫は殺される。Btはすでに農薬として使用されているが、Bt作物はそれ自体が昆虫を殺す存在となるのである。また、遺伝子組み換えによって除草剤に抵抗性のある作物を作り、畑に除草剤を撒いて雑草のみを枯らす（その作物だけが生き残る）という方法も広く行われてきた。このような遺伝子組み換え作物は大豆、コムギ、アブラナ、ワタなど多くの作物で作られ、欧米を中心に普及してきた。

しかし、遺伝子組み換えは自然に対する人間の過度の介入ではないかという論争が今もつづいている。Ｂｔ作物の人間に対する安全性が確認されたとしても、これが自然の近縁植物と交配して、Ｂｔ植物が生み出され、害虫でない昆虫を殺す可能性がある。また、除草剤に抵抗性のある遺伝子組み換え作物は、除草剤の使用量を増やし、その結果、除草剤に抵抗性のある雑草の系統が発達することもあるだろう。

著者はこのような遺伝子組み換えに対する反対論には配慮しているが、農薬の使用を減らすために病害虫抵抗性の品種を育種する上での遺伝子組み換えは認めるべきであると言う。新しい病害虫抵抗性の品種を、自然に起こる突然変異のみに頼って育種するためには、十年以上の年月がかかるが、遺伝子組み換えによって、近縁の植物からの抵抗性遺伝子を組み込むことで、抵抗性品種を短期間で作ることが出来るからである。また、人の病気に対する免疫を刺激するワクチンも遺伝子組み換えを利用すれば、より速く出来る。インフルエンザウイルスのようにその系統が毎年変化する病気に対しても、すみやかに対応出来ると考えている。

最近、「遺伝子編集」という新しい技術が開発され、遺伝子操作が一層簡単に行えるようになった。訳者はこれらの問題について、研究者だけでなく、政策立案者や一般市民を含めた幅広い論議の場が早急にもうけられるべきだと考える。

第7章と第8章では、人や農作物の病気の原因がどういう病原微生物によるものかをより速く診断する方法について述べている。

どういう病気や病害虫でも、それが何であるかを知ることによって適切な対応が出来る。これが診断である。病気の場合、病原菌を培養して調べるためには数日～数週間が必要であった。その間に病気が進行したり、まわりの人に感染させたりするおそれがあるので、医師はやむなく抗生物質のような、体内の微生物群を無差別に攻撃してしまう薬を処方してきた。これが抗生物質の濫用をまねいている。病害虫の場合でも、かつては、その道の権威者が見ないと正確に診断出来なかった。そういう権威者がいないアフリカなどの遠隔地では、診断されないままに被害がひろがっていた。

そこで、速やかで正確な診断が求められているが、DNA塩基配列を判別する機器の発達によって実現の可能性が出て来た。また、スマートフォンに代表される情報通信機器が作物病害虫の映像による診断を加速する可能性がある。このような機器の開発は、まだ始まったばかりであるが、軽便な機器はアフリカのような地域でも正確で速やかな診断を可能にするであろう。

著者のエミリー・モノッソンは、自らを生態学にもとづく独立した毒物学者であると言う。ニューヨーク州、カリフォルニア州、ロードアイランド州、ノースカロライナ州の各大学を歴任したあと、現在では、マサチューセッツ大学の自然資源保全学部の非常勤教授として働きながら、「ローニン・インスティテュート」のメンバーとして研究と執筆活動を行っている。「ローニン・インスティテュート」とは日本語の「浪人」に由来する、大学の研究職につかない科学者の集団で、科学から人間性に至る広範な分野の独立研究者が、研究資金を得て自由な研究を行う非営利の団体である。

著者がこの本の中で強調しているのは、人間の健康と食物を守るために抗生物質の有効性を維持し、農薬の使用を減らすことである。そのために、生態学にもとづき、最近のゲノム学、コンピューター科学の進歩を取り入れるならば、自然と敵対するのではなく、自然を味方につけた解決方法が生み出されることについて、彼女は楽天的である。

訳者は長い間、作物病害虫の防除法の研究にたずさわってきた。仕事をはじめた一九六〇年代は、まさに農薬全盛の時代であった。それと同時に農薬のもたらす、人畜への被害や天敵の減少による新たな害虫の発生、病害虫の薬剤抵抗性の発達など、さまざまな問題も明らかになりつつあった。訳者は一九七〇年代から、「いかに農薬を減らすべきか」という研究をつづけてきた。そして、化学肥料、化学合成農薬を否定する有機栽培に接近するようになった。

著者は、有機栽培を必ずしも否定してはいないが、労働生産性が低いので、まもなく九〇億人になろうとする世界人口を有機栽培だけで支えることは困難であり、必要な場合には農薬も使わなければならないと言う。そのためには、速やかで的確な診断と、その病害虫のみに有効で、味方になる生物を殺さないような薬剤を開発することが不可欠であると主張し、この本でその可能性と展望を示している。

このような著者の見解に対して訳者は、人類が歴史的に土地からの収奪をくりかえし、現在では化学肥料と農薬に依存した大規模単作農業が行われていることが病害虫の大発生と、それによる食料不足の真の原因であると考えている。これに対して有機栽培は、有用な土壌微生物を増やすことによって作物の病害虫抵抗性を強め、輪作や間作によって天敵類を豊富にして害虫の発生を減らすなどの技術であって、これをさらに発展させることによって、生産性を減らすことなく農薬を減らすことが可能であると考える。医薬について述べる能力を訳者は持たないが、おそらく健康と疾病の関係についても同じようなことが言えると思う。

しかし、著者と訳者の考えは矛盾するものではなく、自然の味方を増やすことによって人間の生命と食料を守る点においては共通していると考える。

訳出にあたり、専門的な用語には［ ］の中に短い説明を加えた。本文中に番号で示された原注は、多くが情報の出所に関するものであるので、一部訳出したもの以外は原文のまま掲載した。度量衡については メートル法に換算して記した。

最後に、この本の翻訳の機会を与えてくださった築地書館の土井二郎社長に心からのお礼を申し上げる。

二〇一七年十二月

小山重郎

【著者紹介】

エミリー・モノッソン

環境毒物学者、ライター、編集者。ローニン・インスティテュートの独立研究者。マサチューセッツ大学アマースト校、非常勤教授。

著書に、“*Unnatural Selection: How We Are Changing Life, Gene by Gene*”“*Evolution in a Toxic World: How Life Responds to Chemical Threats*”がある。

【訳者紹介】

小山重郎（こやま　じゅうろう）

1933年生まれ。東北大学大学院理学研究科で「コブアシヒメイエバエの群飛に関する生態学的研究」を行い、1972年に理学博士の学位を取得。1961年より秋田県農業試験場、沖縄県農業試験場、農林水産省九州農業試験場、同省四国農業試験場、同省蚕糸・昆虫農業技術研究所を歴任し、アワヨトウ、ニカメイガ、ウリミバエなどの害虫防除研究に従事し、1991年に退職。

主な著訳書に『よみがえれ黄金（クガニー）の島――ミカンコミバエ根絶の記録』（筑摩書房）、『530億匹の闘い――ウリミバエ根絶の歴史』、『昆虫飛翔のメカニズムと進化』、『IPM総論――有害生物の総合的管理』、『昆虫と害虫――害虫防除の歴史と社会』、『母なる自然があなたを殺そうとしている』、『野生ミツバチとの遊び方』（以上、築地書館）、『害虫はなぜ生まれたのか――農薬以前から有機農業まで』（東海大学出版会）がある。

闘う微生物
抗生物質と農薬の濫用から人体を守る

2018年3月20日　初版発行

著者　エミリー・モノッソン
訳者　小山重郎
発行者　土井二郎
発行所　築地書館株式会社
東京都中央区築地 7-4-4-201　〒104-0045
TEL 03-3542-3731　FAX 03-3541-5799
http://www.tsukiji-shokan.co.jp/
振替 00110-5-19057
印刷・製本　シナノ出版印刷株式会社

ISBN 978-4-8067-1553-5

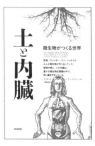

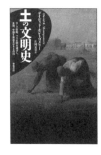